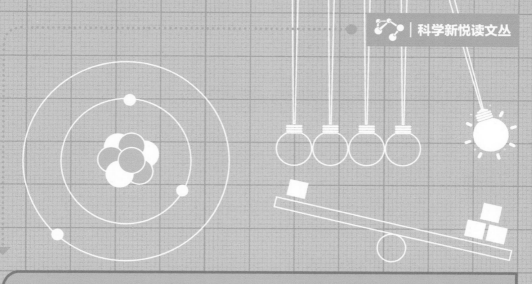

科学新悦读文丛

迷人的物理

物理学的发展历程及重大成就

AWESOME ALGEBRA

A TOTALLY NON-SCARY GUIDE TO ALGEBRA AND WHY IT COUNTS

[美] 艾萨克·迈克菲（Isaac McPhee）著

谢晓禅 译

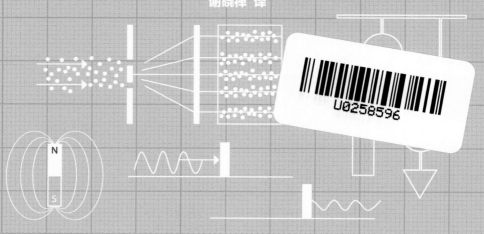

人民邮电出版社

北京

图书在版编目（CIP）数据

迷人的物理：物理学的发展历程及重大成就／（美）艾萨克·迈克菲（Isaac McPhee）著；谢晓禅译. -- 北京：人民邮电出版社，2017.3（2024.7重印）
（科学新悦读文丛）
ISBN 978-7-115-44397-7

Ⅰ. ①迷… Ⅱ. ①艾… ②谢… Ⅲ. ①物理—普及读物 Ⅳ. ①O4-49

中国版本图书馆CIP数据核字(2017)第014162号

版权声明

Phenomenal Physics：a totally non-scary guide to physics and why it matters © 2016 by Quid Publishing

Simplified Chinese edition © 2017 Posts & Telecom Press

All rights reserved.

- ◆ 著　　[美] 艾萨克·迈克菲（Isaac McPhee）
- 译　　谢晓禅
- 责任编辑　刘　朋
- 责任印制　彭志环
- ◆ 人民邮电出版社出版发行　　北京市丰台区成寿寺路 11 号
- 邮编　100164　电子邮件　315@ptpress.com.cn
- 网址　http://www.ptpress.com.cn
- 北京捷迅佳彩印刷有限公司印刷
- ◆ 开本：690×970　1/16
- 印张：9　　　　　　　　　2017 年 3 月第 1 版
- 字数：155 千字　　　　　2024 年 7 月北京第 26 次印刷
- 著作权合同登记号　图字：01-2016-3763 号

定价：39.00 元

读者服务热线：**(010)81055410**　印装质量热线：**(010)81055316**
反盗版热线：**(010)81055315**
广告经营许可证：**京东市监广登字 20170147 号**

内容提要

　　物理学是其他所有自然科学的基础，更与我们的生活密不可分。千百年来，许多伟大的哲学家、思想家和物理学家为探索我们生活于其中的这个物质世界的本质而付出了巨大的努力，其间也闪耀着智慧的光芒。

　　在这本生动而有趣的书中，我们将从黄金时代的古希腊及中东地区一路走来，穿越中世纪的黑暗时代，见证文艺复兴时期物理学的复兴以及近代物理学的诞生；我们将欣喜地看到巨匠辈出、硕果累累的19世纪物理学的发展，进而跨入20世纪并目睹相对论和量子物理这两大科学理论的诞生，最后一探现代物理学的光辉成就以及物理学未来将走向何方。

　　物理学的目的就是尽我们所能对自然万物的运作提出疑问，然后探索这些疑问的答案。但愿本书能点燃你对物理学的兴趣！

目 录

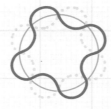

电子轨道：见波粒二象性（第108～109页）

"深入观察自然，你就能更好地理解一切事物。"

——阿尔伯特·爱因斯坦

引言：物理学是什么

　　"physics"（物理学）一词衍生自希腊语"*physis*"，意思是"自然"。物理学探索自然的运转方式，其目的在于，尽其所能对任何事物的运作提出疑问，然后探索这些疑问的答案。物理学的研究范围并没有明确的界限：它力图解释能量与物质，以及它们是如何共同运作的；它研究自然现象，大到整个宇宙，小到原子中最小的部分。物理学研究伴随着许多吸引人的谜团，而这正是物理学令人备感兴奋的原因。

从夸克到类星体

　　几乎没有一个研究领域的范围比物理学还要大。在这一门包罗万象的科学中，存在着关于宇宙本质问题的答案。我们将宇宙视为一个整体，也可以利用相同的物理原理研究最微小的物质颗粒中的秘密。物理学家能够观测遥远星系传来的光，以及夸克之间的相互作用。星系称为类星体，是已知宇宙中最明亮的物体，而夸克是原子核中令人难以置信的小颗粒。

　　物理学是其他所有科学的根源。宇宙中的一切事物，无论我们能否看到，都可以归纳为最基本的物理定律。任何关注物质世界的研究领域（从化学和生物学，到天文学甚至工程学）最终都不过是物理学。化学研究化学元素（原子）及其性质，以及它们如何相互结合组成化合物和其他物质。生物学研究由细胞组成的生物，而细胞由原子组成。工程学研究材料、强度和力。以上3个学科都属于物理学的研究范围。

物理学是如何进行研究的

　　在如此巨大的范围内，科学家如何找到头绪，回答宇宙中存在的众多问题呢？答案就在于，物理学中有许多非常特定的学科，而且现在大多数物理学家对于他们所选择的领域，都采用了非常专业的方法进行研究。其中最大的学科只有以下几个。

> "那些不了解数学的人，很难体会对于自然之美——最深层美的真实感受。"
> ——理查德·费曼

粒子物理：关注宇宙中最小的物体，即原子以及亚原子粒子。这一学科是当今最令人兴奋的科学领域之一。粒子物理学家利用理论和实验去探索宇宙中隐藏在物质最微小部分里的秘密，力图解释宇宙的起源，以及一切物质的基本构成。

原子
电子
中子
质子
夸克
原子核

亚原子级的物理学研究已揭示原子由更小的粒子组成，其中包括6种夸克（见第131页）。

天体物理：也称为高能物理，探索宇宙，关注天文现象，如恒星、星系、黑洞、类星体、脉冲星和超新星。这一学科利用相对论和量子力学等原理，研究我们的太阳系及其之外的物体。

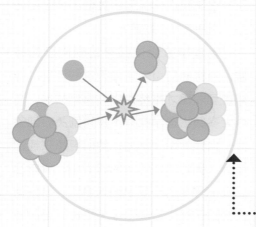

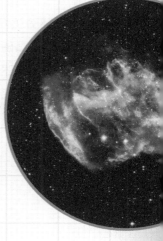

在发现超新星（爆发星）之前，大部分哲学家相信恒星是恒常不变的。

核物理：揭示了原子核中隐藏的潜能，帮助我们开发更新、更高效的能量形式。核物理发展出核武器、核能以及医学、工程学中的多项进展，甚至（利用放射性测定年代技术）对我们人类自己的历史进行探索。

在上述每个领域中，通常可以将物理学家分为两大类：理论物理学家与实验物理学家。理论物理学家追求利用复杂的数学工具那无比强大的力量，对物理谜团刨根问底。他们使用准确可靠的计算方法，从而进行精确的实验与观察，并从中归纳预测未来发展，或对已经观察到的现象进行更好的解释。

实验物理学家寻求通过实验探索物质宇宙。他们使用的设备小到显微镜，大到价值几十亿美元的粒子加速器，因此必须具备智慧与创造力，并且最重要的是一丝不苟。他们能对人类已知最小的物质部分进行操作和观察，也能以不可思议的精确性观察可到达的最远空间，给我们描述一幅更加细致而准确的宇宙图画。纵观近代史，实验物理学家一直都处于技术的最前沿，他们利用可以支配的脑力与技术工具，对自然的运行获得新的见解。

提出问题

虽然物理学家处理的是自然界中最复杂的概念，他们首先必须学习提出什么样的问题。提出正确的问题可以将他们引至更大的谜团，而这就是探索的开始。有史以来，物理学家都从提出最基础的问题开始，然后着手对揭露的问题进行更深入的钻研。

我们可以像艾萨克·牛顿一样提问：是什么使物体落向地面？答案当然是万有引力，但这使我们提出更多问题：什么是万有引力？物体为什么会相互吸引？它与我们体验到的其他力（比如磁力）之间有什么联系？

物理学家尝试回答这些问题的时候，则将他们引向更加困难的问题。谁知道到哪里才是终点呢？幸运的是，当今大多数物理学家并不是特别关心回答关于自然的每个问题；他们更感兴趣的是投入到对这些问题的研究中，看自己到底能够在这个洞里陷入多深。像任何大冒险一样，物理学令人兴奋之处就在于揭开更大的谜团，而这似乎是没有尽头的！

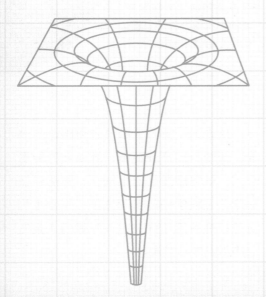

近代物理探索矛盾的概念，例如反物质以及此处所示的黑洞（见第134-135页）。

物理学简史

虽然希腊与中东地区的古代物理学家进行了一些重要的工作，但是物理学研究真正开始于16世纪左右。尼古拉·哥白尼、约翰内斯·开普勒与伽利略·伽利雷的天文学研究工作为以新的方式看待科学本身铺平了道路。观察、实验与科学推理取代了此前人们普遍持有的偏见与信仰。

17世纪，艾萨克·牛顿爵士永久性地改变了科学世界。他完善了伽利略在力学（运动物体的科学）方面的工作，发现了万有引力定律，并且发明了微积分学（近代理论物理依赖的数学形式）。他启发了其他科学家，使他们相信可以对自然界进行驯服、研究和利用。

贯穿18和19世纪，牛顿的工作一直在物理学领域保持着最重要的地位。即使在迈克尔·法拉第和詹姆斯·克拉克·麦克斯韦这样的科学家开始掌握电场力现象的时候，这些工作也是在牛顿已经阐明的物理定律范围内进行的。

牛顿将宇宙视为一台巨大的机械（通常称为"钟表宇宙观"），它的运行遵循一系列非常精确且可预测的规则。如果能很好地理解这些规则，就不会有任何谜团，因为任何事物，不论生死，不论是人还是机械，都像一台巨大的钟表一样，在时间之初或是由上帝或是由自然上好发条之后启动运行。

开普勒

哥白尼

伽利略

艾萨克·牛顿爵士：强迫性人格，从炼金术到起诉造假者，牛顿对他所从事的所有事情使用同样周密的方法。

"科学无法揭示自然的终极秘密。这是因为，归根结底，我们自己就是自然的一部分，从而也是我们想要揭示的秘密的一部分。"

——马克斯·普朗克

20世纪

20世纪，牛顿学说的宇宙观被粉碎得面目全非。1905年，年纪尚轻且几乎不为人知的阿尔伯特·爱因斯坦给世界带来了相对论。牛顿认为绝对的事物（例如空间与时间），现在却受到了怀疑。按照爱因斯坦的理论，时间可以加速和减速，物体的长度可以扩展和压缩，而时空结构也是如此！

10年后，爱因斯坦甚至改写了牛顿的万有引力定律，建立了一个更加完美的理论。在这一理论中，重力是由时空结构的连续"扭曲"导致的。一场科学革命开始了！

这场革命的第二阶段以量子物理学的形式来临。这一全新的物理学系统，基于德国科学家马克斯·普朗克在1900年建立的相对简单的理论，在20世纪前20年经过爱因斯坦、尼尔斯·玻尔等人的完善，完全粉碎了"钟表"宇宙的概念。

令全世界惊讶的是，这些新的物理学家意识到，对物质更加深入的探索并没有像牛顿希望的那样使精确度得以提高，反而使其下降了。在粒子存在的位置，没有物理量是确定的，这一概念体现在维尔纳·海森堡著名的不确定性原理上（见第112页）。

量子力学的崛起引出了看待物理学的全新方式，以及新的计算与预测方法。这些新方法导致了一些非常特殊的发现：提出反物质的概念，人们认识到即使原子中一些最小的粒子实际上也是由更小的粒子组成的，发现我们的宇宙中充满了被称为"暗物质"的神秘物质，等等。

近代物理学的伟大成就

1514	1632	1687	1802	1861
尼古拉·哥白尼开始"日心"宇宙模型的研究工作。	伽利略·伽利雷出版《关于两大世界体系的对话》，普及哥白尼学说。	艾萨克·牛顿出版《自然哲学的数学原理》，向世界介绍了他的运动定律和万有引力定律，以及全功能的物理学理论。	约翰·道尔顿发现原子。	詹姆斯·克拉克·麦克斯韦提出了光的数学描述。

由阿尔伯特·爱因斯坦（前排中间）、尼尔斯·玻尔和维尔纳·海森堡这样的人打头阵，20世纪前叶是科学空前发展的时期。

但从根本上来讲，也许最重要的启示就是，宇宙是不确定的。粒子的行为是无法预测的，因为它们的运动仅仅基于概率。有些人将量子力学比作东方宗教或柏拉图哲学，但到头来这只是再次提醒我们，无论我们认为自己知道了多少，宇宙总是会存在有待揭开的谜团。难怪物理学研究如此令人着迷！

1896	1900	1905	1913	1927
亨利·贝可勒尔发现放射性。	马克斯·普朗克"发明"量子力学。	阿尔伯特·爱因斯坦的"奇迹年"：发现相对论，并且完善量子力学。	尼尔斯·玻尔将量子力学运用于原子模型，并且建立了现代量子力学。	维尔纳·海森堡公布了不确定性原理。

第 1 章

古代物理学

虽然黄金时代古希腊、中东地区的哲学家以及以后的哲学家没有使用"科学家"的说法，但他们证明了自己属于最高水准的思想家。本章对这些优秀人物进行了简单介绍，他们曾经努力解答的许多问题现在依然推动着物理学（关于物质、运动以及我们在宇宙中所处位置的问题）向前发展。

泰利斯

提起有史以来第一位科学家（虽然直到几个世纪之前，他们都被称为自然哲学家），则非米利都的泰利斯（约公元前624—前546）莫属了。泰利斯是古希腊七贤之一，也是第一个已知哲学学院的创始人。米利都学派活跃于现在土耳其沿海地区爱奥尼亚的米利都市（其据此命名），这一学派奠定了早期科学思想的基石。

泰利斯和他的学生

泰利斯和他的助手［最主要的是其中的两个学生，阿那克西曼德（约公元前610—前546）和阿那克西米尼（约公元前585—前525）］最早提出了关于物质世界的理论。他们的物质理论的本质在于探寻"典型物质"，希腊人将其称为"*arche*"（本原）。以今天的标准，他们的探寻并没有实用性。他们不是为了更好地理解日常使用的化学或生物这些学科，探寻物质的实质，而是采用了一种更加哲学化的方法。

- 泰利斯认为基本物质是水，因为他观察到水在其他一切物质的形成中都起到必不可少的作用。
- 对于阿那克西曼德来说，基本物质是一种理论上的物质，他将其称为"*apeiron*"（希腊语"无限"）。
- 对于阿那克西米尼来说，基本物质是空气。

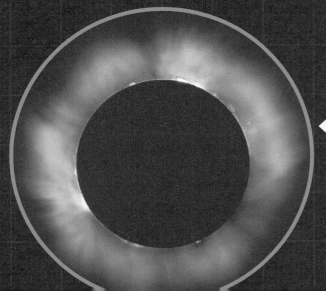

米利都学派理论的核心是变化的思想：如果一切都可以简化为唯一一种物质，那么物质中一定发生着持续不断的变化，将一种元素转化为另一种元素。米利都人最早将科学与哲学相结合。

进一步的贡献

虽然泰利斯的生活细节大多是模糊不清的，但是可以在一定程度上肯定地说，他是希腊第一位杰出的思想家。除了物质理论（在紧随其后的大辩论中，它起到了至关重要的激励作用）之外，泰利斯也第一个鼓励希腊世界寻找对于现象的自然解释，而不是只根据信仰或神秘主义寻找答案。

同时，他在数学方面也获得了重大进展，尤其是实用几何，比欧几里得建立第一个完整的几何证明系统早了3个世纪。据说，作为最早的天文学家之一，泰利斯预测到了使吕底亚人和米提亚人停战的日食。

泰利斯的反对者

巴门尼德（公元前5世纪早期）：相信变化是不可能、不合逻辑并且虚幻的。他的观点影响了后来的哲学家，如德谟克利特、柏拉图以及埃利亚的芝诺。

埃利亚的芝诺（公元前5世纪中叶）：为了证明变化是不可能的，他提出了许多逻辑悖论。直到17世纪得益于微积分的发展，芝诺的悖论才终于得以解决。

萨摩斯的麦里梭（公元前5世纪）：强调了相信物理世界恒定不变而不是在改变的重要性。他将一切存在的事物称为"一"（The One）。

"哲学始于泰利斯。"

——伯特兰·罗素

人们认为泰利斯预测的日食发生在公元前585年5月28日。这可能是已知最早的有准确日期的日食记录。交战双方的军队认为日食是神的警告，决定停战。

关于物质的最早理论

古希腊哲学家和科学家之间的辩论由一个问题主导：什么是物质？这些思想家想要理解物理现实的本质，因此提出关于组成一切事物的本质物质的问题。相互结合而组成物质的元素是有很多还是只有一种？组成物质的是原子还是流体？

原子论者

德谟克利特的大部分研究工作在公元前440—前400年间进行。虽然如今人们记忆最深刻的是他前瞻性的"原子"（源于希腊单词，意为"不可分割的"）理论，但是，当时因为其哲学理论（绝大部分目前已失传）所表现的轻松愉快与乐观主义，他以"含笑的哲学家"而闻名。

德谟克利特用一片沙滩的意象来解释他的原子论。就像微小的沙粒从远处看起来像单一的物质一样，一切物质都可能是由微小的物质颗粒组成的。他将这些最小的物质碎片称为"原子"。

虽然现在我们知道德谟克利特的理论具有一定的真实性，但当时要接受他的工作并不容易，尤其是在其他显然更加符合逻辑的理论存在的情况下。在伽利略·伽利雷和艾萨克·牛顿再次将其拾起之前，这一最早的原子论受到了超过2000年的忽视，直到19世纪它才被

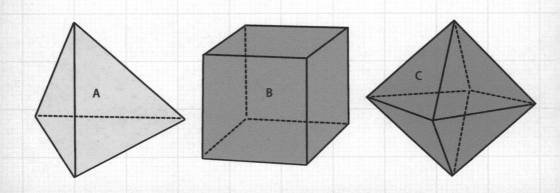

人们完全接受。

元素论者

多数希腊人更倾向于德谟克利特的竞争对手恩培多克勒的理论。他认为物质仅由4种基本元素组成：土、火、气和水。这本身并不是一个新的想法，但恩培多克勒发展了这一理论。他不是将变化看作微小原子的重新排列，而是看作这4种元素的混合与分离。这些过程受两种相反的力驱动，他将其称为爱与斗争，爱的力量将元素结合在一起，而斗争使其分离。多么有诗意啊！

柏拉图体

传奇的柏拉图生于约公元前428年（在恩培多克勒死后不久），他通过引入"柏拉图体"的概念发展了这一理论。

> 多数希腊人赞同恩培多克勒的观点，即物质仅由4种基本元素（土、火、气和水）组成。

柏拉图是演绎论证的大师。演绎论证是从普遍观点开始，在逻辑上缩小范围，从而得出一个特定结论。他设法通过几何科学地解释恩培多克勒的理论。

柏拉图考虑了恩培多克勒的四元素，认为其中每一种都可以用一种几何图形（下图中的A、B、C和E）来表示。

柏拉图论证道，四元素不是恩培多克勒解释的连续的物质，而是像原子论所述的一样，由微小不可见的粒子组成。这些粒子具有一定的几何形状，而它们的大小和独特形状导致了不同元素之间的巨大差别。

> 柏拉图体是唯一能以全等的面、棱与角构成的立体图形。柏拉图将每个立体（除了十二面体）分配给4个元素之一。

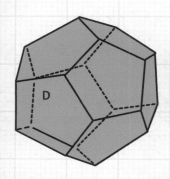
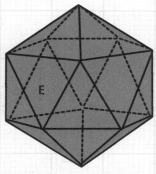

A：四面体（三棱锥），代表火。

B：六面体（正方体），代表土。

C：八面体（8个面），代表气。

D：十二面体（12个面）。

E：二十面体（20个面），代表水。

亚里士多德

　　亚里士多德可能是整个古代最重要的哲学家之一了，他的工作覆盖了范围惊人的学科领域，从生物学、物理学到医学与神学。亚里士多德的许多工作都充满了出色的见解与原创性研究（尤其是在生物学与伦理学等领域），他具有独特的概括与整体阐述科学的能力，对西方世界的物理学进程产生的影响无疑是最大的。

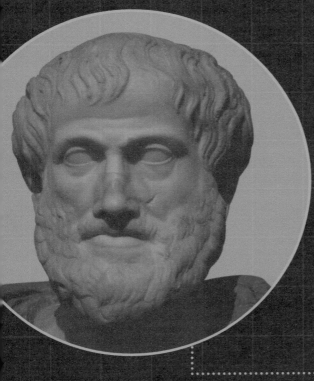

非凡的人生

　　公元前384年左右，亚里士多德出生于色雷斯的斯塔吉拉并成长于此。亚里士多德在18岁时进入柏拉图学院学习，这是柏拉图在雅典为思想者建立的著名学院。他在此停留了将近20年，直到他的老师柏拉图去世。由于在学院这段时间的学习，亚里士多德在哲学上的思考与柏拉图非常相似，不过他的确在很多学科中远远超过了他的老师。

　　离开柏拉图学院与雅典城邦之后，亚里士多德游历到小亚细亚（安纳托利亚），他在此学习了植物学与动物学。很快他就受到了马其顿王国的国王菲利普

▶ **关键词**

　　推理法（逻辑）：6个基本逻辑的组合，组成完整的、结构性的推理系统。

　　物理学：亚里士多德对用一项工作解释一切自然现象进行了广泛、深入的尝试，他利用自己的逻辑方法对物质世界进行了研究。

以太：亚里士多德相信一种称为"以太"的第五元素，它是一种普遍的、包罗万象的物质，其他一切物质都存在于其中，并且还包括天上的天体。其中部分理论甚至持续到了 20 世纪。

前第 5 和第 4 世纪哲学大时代的终结。

亚里士多德的物理学

　　亚里士多德的工作覆盖了广大范围内的学科领域，建立在过去哲学家的理论之上，同时发展了全新的（并且相当革命性的）观点。他探索了宇宙起源、光学现象、数学、生物（他开发了最早的植物与动物分类系统之一）、医学等学科领域。

　　亚里士多德非常受人尊崇，以至于他对西方哲学的影响（包括那些完全错误的观点）持续了将近 2000 年而没有受到挑战。

　　二世的邀请，去做他儿子的导师。这个年轻人名叫亚历山大，后来被称为亚历山大大帝。

　　亚里士多德的新学生并没有成为著名的哲学家，但他的确影响了整个西方文明。在父亲去世后，亚历山大继承了王位，并且继续征战了大部分已知的世界。亚里士多德珍视的这个学生的帝国太大了，以至于他的去世引起了巨大的混乱与社会剧变，甚至波及地中海以外地区。许多历史学家将亚历山大之死视为希腊历史上古典时代的结束，即公元

　　形而上学：历史上最重要的哲学成就之一。形而上学对存在、原因与变化的本质提出了比物理学更深刻的问题。亚里士多德论证了一切实体对象都由两部分组成：形式与质料。

　　伦理学与政治学：像许多追随他的哲学家一样，亚里士多德主要关注伦理与道德的问题。他论证了一个人可以只通过行为合乎道德而成为有道德的人。简而言之，他将伦理看作实际的而非理论上的追求。

阿基米德

虽然古希腊的很多哲学家更倾向于研究抽象理论的问题，阿基米德却属于最注重实践的一类科学家。在其他人考虑物质的本质与存在的时候，他尝试通过数学和简单机械原理更好地理解世界。简单机械就是利用物理定律简化劳动的装置。其中一些机械从人类文明早期就得到了应用，但阿基米德力图通过应用新发展的科学和数学原理对其进行改进。

实践哲学家

公元前287年左右，阿基米德生于西西里岛的叙拉古。当时的希腊由独立城邦组成，阿基米德居住在位于如今意大利南部的大希腊，当时是希腊控制地区。

据说阿基米德的父亲是一个天文学家，名叫菲狄亚斯。也许正是从他那里，阿基米德几乎对每一门科学与数学都产生了浓厚的兴趣。遗憾的是，阿基米德的智慧没能在公元前212年罗马入侵锡拉库扎时拯救他自己。据说他是在研究自己在沙地上绘制的几何图形时被一名罗马士兵杀害的，这位伟人的临终遗言是："不要踩坏我的圆。"

阿基米德应该说过一句话："给我一个支点，我就能撬动地球。"杠杆是最简单的机械之一。阿基米德想象自己身处空间中能够到达的最远之处，用一根极长的杠杆移动地球。

据说阿基米德大大改进了古代的投石机，还设计了其他军用武器，包括一种能够烧毁敌军船只的热射线。

阿基米德的科学

作为一名伟大的数学家，阿基米德以积分学之父以及最早计算出圆周率数值的人之一闻名于世，但他最为人们熟知的成就是发现了浮力定律。

有人为叙拉古的国王希罗二世制作了一顶崭新的金冠，但国王怀疑它并不是以纯金制作的，而是掺入了部分银。阿基米德必须在不破坏王冠的前提下确定它的成分。问题在于，要计算王冠的密度，就必须测量它的体积和重量，但由于王冠的形状太不规则了，无法对它的体积进行准确计算。据说阿基米德在泡澡的时候意识到，他可以通过测量从浴缸中排出的水量来计算浸入水中的身体的体积。阿基米德认识到可以用同样的方法计算王冠的体积之后，他跳出浴缸，赤裸着身体跑到街上，边跑边喊："尤里卡！"（意思是"我找到了！"）

发明家阿基米德

作为一流的实践科学家，阿基米德以众多独创性的发明而闻名，其中就包括阿基米德式螺旋抽水机。

这一简单的装置由一个中空的套筒以及位于其中的螺旋形叶片组成。叶片旋转时，会将液体从套筒的一端带到另一端。

据说阿基米德发明螺旋抽水机是为了排出希腊船只舱底的积水。如今人们依然使用这一设备排干被淹没的土地上的积水以及灌溉作物。

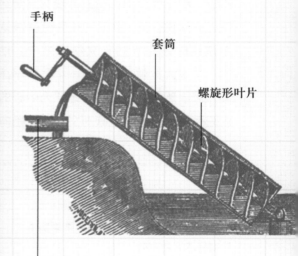

手柄　套筒　螺旋形叶片　给水管

黑暗时代的科学

　　到公元前2世纪，古希腊文明享有的首要地位下降了，紧随其后的是西方世界超过1500年的科学萧条。在此期间，古代很多伟大的研究工作都被忽视，并且最终永远失传了，其原因是亚历山大图书馆遭到了多次破坏（因此不得不对其进行多次重建）。不过幸运的是，这一时期的核心理念幸存了下来。

西方的衰落

　　西罗马帝国衰落后，不仅德谟克利特的微小粒子（原子）理论被长时间废弃，就连最伟大的思想家亚里士多德的精神遗产都面临着被彻底遗忘的危险。不过，罗马世界的科学家并没有完全绝迹，比如说公元2世纪的托勒密就被认为是当时最杰出的天文学家之一。他的一个重大贡献是提出了一个虽然不正确，却依然意义非凡的以地球为中心的太阳系模型。但此时欧洲文明正开始向被称为中世纪的时期（这一说法一般是指公元5世纪西罗马帝国衰落后的大约1000年时间）持续衰退。

西罗马帝国衰落时，就连最伟大的思想家亚里士多德的精神遗产都面临着被彻底遗忘的危险。

黑暗中的光亮

　　对现代世界来说，幸运的是，在波斯和中东地区日益扩大的阿拉伯群体中，一些引人瞩目的人物照亮了这个黑暗时代"。11世纪的学者阿尔哈曾具有尤为优秀的科学头脑，他完成了一些有关光的重大研究。对于古代思想家来说，这一现象比原子都难以理解。

　　阿尔哈曾如今常常以"光学之父"著称，他是最早使用真正的科学归纳法的思想家之一。归纳法从实验开始，以观察为基础建立理论。阿尔哈曾利用透镜和反射镜进行实验，从而完成了对于光反射与折射的最早计算。他还利用棱镜探索了白光分离成各种色光的现象。

虽然阿尔哈曾很大程度上由于他在光学方面的工作而为人所知，但他也在数学、天文学、医学甚至心理学方面进行了激动人心的研究工作。直到几个世纪之后，他的工作才在西方得以知晓并获得了赞誉。

黑暗时代其他阿拉伯学者

阿尔哈曾不是一个人在努力。10世纪的阿里·伊本·伊萨探索了大脑的视觉部分，并且对地球的周长进行了高精度测量。9世纪的阿尔-巴坦尼修正了托勒密的天文表格，还在数学方面做出了许多贡献。最重要的是，阿拉伯与波斯学者将许多古希腊著作翻译成了阿拉伯语，从而为全世界将这些著作保存了下来。

阿尔哈曾在西方为人所知时的一幅蚀刻版画。

阿尔哈曾的光学著作

阿尔哈曾因为著有200多本科学与数学作品（其中大约一半流传了下来）而备受赞誉，其中一本最重要的当属《光学宝鉴》。阿尔哈曾在这部作品中空前详细地描述了光学现象，他关注了光是如何传播的，眼睛是如何接收图像的，怎样能够通过折射、反射或衍射改变光线，等等。这的确是有史以来最伟大的科学著作之一。

最早的照片

如今拍摄照片非常简单。自从数码摄影出现以来，这已经是轻而易举的事情了，只需要对焦、按下快门、检查图片或将其删除即可，然后不断重复这些步骤。整个过程只需要几秒钟，也不会浪费昂贵的胶卷。回头看仅仅十几年前，此时数码摄影尚未普及，拍照片耗费的时间要长得多，也贵得多。那么想象一下，900年前发明第一台"相机"的时候该是什么样子。

第一台相机

11世纪，波斯科学家阿尔哈曾（见第22～23页）创造了一个非常简单却令人着迷的发明：在一个遮闭掉所有光线的小房间的一面墙上开设一个小洞，一束锥形的光透过这个小洞，在房间对面的墙上投射下外面的影像，就像拍了一张快照一样。

阿尔哈曾将这些投影下来的图像作为进一步科学探究的基础。直到16世纪，艺术家们才开始将这一装置作为工具，用来捕捉万事万物的图像。他们在墙上放置一张纸或画布，就可以将出现在暗室中的影像描绘下来，从而创作出惊人而逼真的作品。

1826年，法国发明家约瑟夫·尼塞福尔·涅普斯利用暗箱和自己掌握的化学知识，拍摄了第一张永久的照片。在涅普斯的发明中，到达相机内的图像投射在一块覆盖有多种化合物的铅锡合金板上，从而将图像固定了下来。35年之后的1861年，苏格兰物理学家詹姆斯·克拉克·麦克斯韦（见第60～61页）拍摄了第一张色彩持久的照片。他利用不同颜色的滤片拍摄了3张照片，然后将这3幅图像重叠投射在一起，得到了一幅新的图像。

相机的英文单词"camera"来源于拉丁文"*camera obscura*"，用于描述第一台摄影装置，这个短语含有"暗室"的意思。

搭建你自己的暗箱

如今许多摄影家和爱好者仍在利用阿尔哈曾在1000多年前描述的暗箱原理，搭建自己的针孔照相装置进行摄影实验。

只需要用不透明的胶带将一个纸板箱的接缝封住，就可以将其作为遮光箱或暗室。针孔最好开在一片金属箔上。在纸板箱上剪出一个小窗口，将箔片贴在里面。

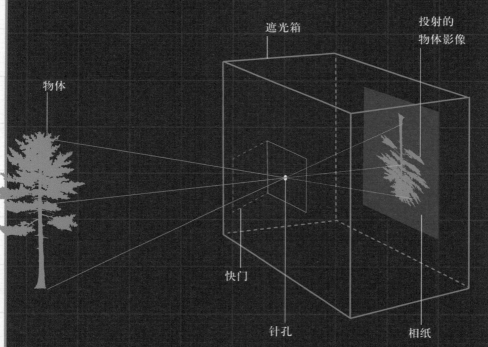

物体

遮光箱

投射的物体影像

快门

针孔

相纸

快门就是一个用卡片做的挡板，并用胶带粘在箱子前面。打开快门开始曝光，曝光结束后将快门关闭并贴牢。必须反复进行实验，才能确定开启快门的时间。

人们用很多种东西制作了针孔照相装置，从火柴盒到垃圾桶都可以，不过一开始最简单的方式还是用纸板箱。网络上和本地的图书馆中都有很多资源，简单描述了怎样搭建这些有趣的装置。针孔越小，其边缘越整齐，图像就越清晰，不过它永远都达不到利用透镜所得到的图像的清晰度。相纸贴在箱子内部，与针孔相对。相纸上的图像是颠倒的，这是因为来自物体的光线通过针孔的时候产生了交叉。

第 **2** 章

文艺复兴的开始

文艺复兴（在法语中意为"重生"）时期，艺术和科学都获得了显著进展。这是列奥纳多·达·芬奇、米开朗基罗以及许多其他充满智慧而又有创造力的人物的年代。本章介绍了哥白尼、伽利略等人开创性的理论，这些理论促进了我们现在所知道的科学研究。这些科学家提出新的问题之后，开始给出真正的答案，并建立了我们如今依然在使用的科学方法。

尼古拉·哥白尼

尼古拉·哥白尼用他的著作《天体运行论》开启了科学思想的新纪元。哥白尼主张行星围绕太阳转动，从而引起了欧洲在科学领域中的一场真正的革命。也正因如此，哥白尼通常被誉为最早尝试将科学从黑暗时代带入文艺复兴（即"学习的重生"）的人物之一。

修道士天文学家

哥白尼被视为现代天文学的创始人，他于1473年2月19日出生在波兰。在他的父亲去世后，哥白尼由叔叔卢卡斯·沃茨诺德养大。他从未结婚，而是将长寿的一生都投入到了宗教以及范围广泛的科学研究之中。

在克拉科夫大学学习数学与光学之后，哥白尼移居到了意大利的博洛尼亚，并在这里学习了教会法。完成学业后，哥白尼回到波兰，为他的叔叔、当时的瓦尔米亚采邑主教担任秘书。

哥白尼兴趣广泛（包括艺术和语言，如希腊语和拉丁语），但他很快就开始专注于天文学。由于当时还没有发明望远镜，他不得不从自家的角楼上用肉眼进行观测。

哥白尼于1543年5月24日在弗龙堡（即弗劳恩堡）去世。人们不断重复的传说是，他最为著名也最具开创性的著作《天体运行论》出版于他在世的最后一天，他刚好在去世之前看到了完成的作品。

关于天体运行的革命性观点

早在1514年，哥白尼就为宇宙日心（太阳中心）说奠定了基础。虽然这

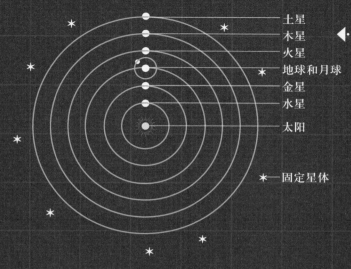

土星
木星
火星
地球和月球
金星
水星
太阳

★—固定星体

哥白尼的太阳系模型由8个球面组成，其中6个代表绕太阳转动的已知行星，一个代表绕地球转动的月球，最后一个代表遥远的星体。

一学说没有立即取代占统治地位的地心（地球中心）说，但它仍然为后来的思想家，如开普勒（见第30 ~ 31页）与伽利略（见第34 ~ 35页）的进一步研究奠定了基础，使他们能够在此基础上建立自己的理论。

这一新的理论包含一个八"球"或八轨道系统，以哥白尼编制的数量巨大的精密计算为基础，并在他去世之后得以发表。其中6个球面代表当时已知的行星轨道（水星、金星、地球、火星、木星和土星）。第7个是遥远星体所处的外层球面（苍穹）。余下的球面以地球为中心点，是月球的轨道。

关键词

《天体运行论》：该书出版于1543年，是第一部强有力地论证了太阳系日心模型的重要作品，因此代表了科学史上的一个决定性时刻。哥白尼不仅解释了每个行星的转动以及太阳和月亮的运动，还详细解释了如何计算天体的位置。这就使人们能够通过预测与实验对他的理论进行验证。正因如此，这成为第一个真正科学意义上的天文学理论。

"最后，我们仍应把太阳置于宇宙的中心。"

——哥白尼

第谷·布拉赫与约翰内斯·开普勒

第谷·布拉赫与约翰内斯·开普勒都是杰出人物，但又各有不同。布拉赫不知满足地渴望理解太空中天体的运动，这也使他完成了一些对于行星运动的重要观测。而开普勒拥有独特的数学头脑，他能够解读数据表格，从而在看似混乱的数据中寻找稳定模式。他们共同开辟了天文学与物理学的新纪元。

没有鼻子的丹麦人

丹麦贵族第谷·布拉赫（1546—1601）在年纪很轻时就开始被天文学的理念迷住了。早在公元前6世纪的天文学家都不仅能够对夜空进行观测，还能够预测天文事件的发生，这一事实吸引了他。布拉赫（如下图）致力于通过积累大量观测数据来改进天文学，但这是在他

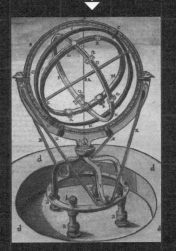

第谷·布拉赫的大赤道经纬仪是太阳系天球的大型模型。

相当放荡的青年时期之后才进行的。在此之前，他在一场决斗中失去了鼻子（他开玩笑地装上了一个用金、银和蜡制成的假鼻子，并因此出名），雇佣了一个洞察力超群的侏儒，还驯养了一只麋鹿（后来它因为饮啤酒过量之后摔下楼梯而死）。

在布拉赫发现了一颗新恒星并以此出版了一本书之后，丹麦国王腓特烈二世赐予他土地建立了观天堡，这是世界上第一座观象台。布拉赫建造了一台直径约为2.75米的"大赤道经纬仪"（天球模型），他的"大墙象限仪"（用于测量天体精确位置的设备）直径达4米。与腓特烈二世产生分歧后，布拉赫移居至布拉格，并在此被

任命为皇家天文学家。

布拉赫从未接受日心说的哥白尼模型；相反，他选择利用旧的地球中心模型来解释他的大量观测数据。这些数据是否支持这一宇宙观点还有待观察。

雇佣兵之子

1571 年，约翰内斯·开普勒（右图）生于德国斯图加特附近，他是一名雇佣兵与旅馆老板女儿（据说她曾因巫术受审）的儿子。开普勒身体矮小孱弱，视力不好，但智力超群。他获得了进入蒂宾根大学的奖学金。

青年时期的开普勒试图将哥白尼的观测结果与自己在学校学习的几何学相结合。他利用所掌握的数学知识来设计自己的模型，6 个已知行星位于 6 个球体表面，其中每个球体都与柏拉图体（见第 17 页）相符，从水星轨道对应的八面体到土星对应的六面体。虽然后来证明开普勒的理论是错误的，但该模型还是

给布拉赫留下了深刻印象，因此他邀请这个年轻人与自己一起工作。18 个月后，布拉赫死于急性荨麻疹感染。报道说他对助手的遗言是："不要让我看起来白活了。"

开普勒被称为布拉赫作为皇家天文学家的继承人，并且承担了完成布拉赫未尽工作的责任。卓越的数学才能使他能够更加准确地计算行星轨道，从而发现了行星轨道不是圆形而是椭圆形。

进一步研究使开普勒建立了行星运动三大定律，从本质上改变了天文学，启发了未来的一代代科学家，包括伽利略（见第 34 ～ 35 页）与牛顿（见第 44 ～ 45 页）。

▶ **关键词**

《宇宙的奥秘》（1596 年）：在其第一部重要的天文学著作《宇宙的奥秘》中，开普勒介绍了关于行星轨道的几何理论。

《天文学的光学部分》（1604 年）：光学领域的奠基作品之一，开普勒还将他对光学的见解应用于人眼。

《新天文学》（1609 年）：在这本书中，开普勒陈述了行星运动定律，引出了他的新发现，即行星沿椭圆形轨道运行。

开普勒的行星运动定律

约翰内斯·开普勒最伟大的成就就是建立了3条简洁的定律，用来定义太阳系中每个已知天体的运动。而4个世纪之后的今天，天文学家和物理学家仍在使用这些定律。

第一定律

> 行星的轨道是椭圆形的，太阳位于椭圆的一个焦点上。

椭圆形不像圆形一样只有一个中心，而是有两个中心，或者说焦点。开普勒认识到行星的轨道并不是以太阳为唯一焦点的正圆，而是以太阳为两焦点之一的椭圆。从某种意义上来讲，太阳系中其他所有星体的总引力共同作用，将圆形轨道变成了椭圆形。

由于轨道的椭圆形性质，太阳与每个行星之间（或者地球与月球之间）的距离总是在变化。每一条轨道上都有一些点，使物体或天体距离太阳最近（这样的点称为近日点）或最远（远日点）。

第二定律

> 沿轨道运动时，行星和太阳的连线在相等的时间间隔内扫过相等的面积。

虽然第二定律传达的原理因简洁而美妙，但它需要一个解码元素。航天机构（例如NASA）利用这一定律预测航天器在任一给定时刻的位置。

从本质上来讲，这一定律的意思是说，行星在靠近太阳的时候运动会加快。因此，行星在绕太阳运行时，不仅距离不断波动，速度也在不断变化。所

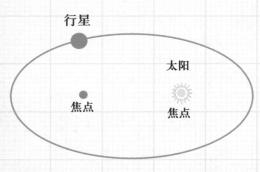

行星　　　太阳

焦点　　　焦点

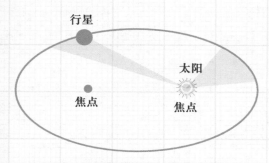

以，近日点代表轨道上最快的速度，而远日点则最慢。

第三定律

> 行星公转周期的平方与其轨道长半轴的立方成正比。

可能将这一定律写成如下的数学形式会简单一点：

$$T^2 \propto O^3$$

在本方程（最简单的物理公式之一）中，T代表行星的公转周期，O代表轨道长半轴的长度。

开普勒的第三定律简单陈述了行星绕太阳的公转周期（对地球来说是365天）会随轨道半径增加而急剧增加。

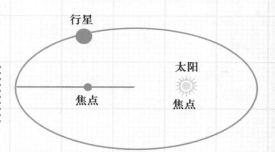

行星轨道表

	平均对日距离	公转周期（地球日）
水星	60 000 000 千米	87.96 天
金星	108 000 000 千米	224.68 天
地球	150 000 000 千米	365.26 天
火星	228 000 000 千米	686.98 天
木星	779 400 000 千米	4 329 天
土星	1 428 600 000 千米	10 751 天
天王星	2 870 000 000 千米	30 685 天
海王星	4 500 000 000 千米	60 155 天

伽利略·伽利雷

在古代学者与欧洲文艺复兴时期的学者之间，伽利略的科学成就最能体现二者的差异。伽利略的成就包括对哥白尼的宇宙模型进行了推广，对钟摆运动进行了科学解释，发现了木星的卫星，改进了望远镜的设计，以及辅助发展了最早的真正意义上的科学方法。

伽利略的殉难

人们常常讲述伽利略如何坚持地球围绕太阳转动而非太阳围绕地球转动，从而激怒了罗马天主教。大多数人都听说过伽利略受到的威胁；听说过他如何在其杰出的著作《关于两大世界体系的对话》中雄辩地提出观点，却又被迫公开撤回；听说过他在激动人心地表示愤慨时，是如何在公开撤回之后喃喃自语"但是，它确实在动"的。

虽然这些可能仅仅是传说，却还是说明了人们对伽利略的普遍看法：他因为科学而牺牲了生命的最后几年。这的确是事实，但我们不能忽视的是，他的人生绝对充满了非凡的发现，他的发现

第一架望远镜，最多只•••••▶
能将远方的物体放大3
倍或4倍。

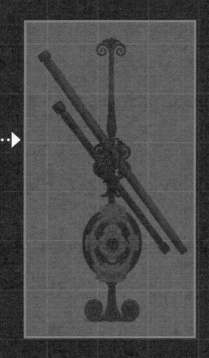

虽然望远镜不是伽利略发明的，但他确实改进并推广了这项新技术，而且对其进行了应用。

实在太多了，以至于我们无法在此全部提及。

文艺复兴者

伽利略于 1564 年出生在意大利的比萨，现在可以将他称为一个真正的文艺复兴者，因为他并未拘泥于一个研究领域，而是在很多领域都很擅长。像他的父亲一样，伽利略也是一名音乐家和画家。他还在青年时期学习了医学。

伽利略发现了钟摆运动的秘密（见第 36 ~ 37 页）。此后，他开始利用原始计时法（包括他自己的脉搏和摆的运动周期）进行运动实验，彻底证明了不同重量的物体下落的速度相同（见右）。

1609 年，伽利略第一次听说了荷兰的汉斯·利伯希发明的新仪器——望远镜。同年 8 月，伽利略不仅自己制造了一台望远镜，还进行了很大的改进。他继续建造了几架当时世界上最好的望远镜，并且用它们观察到太空中从未有人见过的地方。他发现了木星的卫星、金星的相位、土星环，等等。

直到将近 70 岁的时候，伽利略才与教会产生了争执。麻烦的起因是 1632 年他的著作《关于两大世界体系的对话》的出版。伽利略因被指控为异端而受审，这迫使他公开撤回了自己的观点。在生前最后的 9 年里，伽利略被软禁在位于佛罗伦萨的家中，并于 1642 年在这里去世。

自由落体

在伽利略之前的几个世纪，人们都（跟随亚里士多德）相信重的物体比轻的物体下落得快。拿起一根羽毛和一块石头，使两者下落，石头确实比羽毛下落得快。

伽利略明白这一常识性的概念可能是错觉。羽毛确实下落得慢一些，但那是因为除了重力，还有另一个力在对它起作用，即空气阻力。

伽利略考虑从他家乡著名的比萨斜塔上投下两个物体，但空气阻力会毁掉这个实验。作为替代，他将两个重量不同的球从斜面（斜坡）滚下，从而可以测量球的运动速度。亚里士多德错了：不论重量如何，两个球滚下斜坡的速度分毫不差。

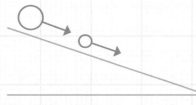

不论重量如何，球滚下斜面时的速度都相等。

摆

　　摆是非常简单的装置，但如今对摆的运用却空前频繁。历史上摆最常见的应用就是钟表机构，末端带有重物的细杆来回摆动，从而驱动钟表内部复杂的齿轮。为什么摆可以这么准确地计时呢？伽利略·伽利雷发现了一个相当简单的公式，可以用来解释摆的运动。

非凡的发现

　　只要一根末端带有重物的线来回摆动，就构成了一个摆。摆仅由一根长度固定的杆（线或绳）以及一个悬挂在下面的重物组成。重物可以自由地来回摆动，依靠重力保持固定的轨迹。

　　摆沿一个方向摆动再返回所用的时间，称为振动周期。摆的周期是由什么因素决定的呢？是初速度、推动力的大小还是重物的质量？伽利略发现上面没有一个答案是正确的。实际上，摆的周期只取决于一个因素：摆的长度。

　　据说，伽利略观察了吊灯的摆动，并用自己的脉搏对摆动周期进行计时。

傅科摆摆动的方向（在北半球）：沿顺时针缓慢转动，用大约一天的时间完成一个完整的周期。所用的准确时间取决于实验地点的海拔高度。

让他大大惊讶的是，周期一直保持恒定。即使吊灯的摆动速度变慢了，周期也保持不变。

伽利略突然获得了一个可以用来计时的简单装置，而且它比自己的脉搏准确得多。在伽利略死后几十年内，荷兰物理学家克里斯蒂安·惠更斯推导出了描述摆运动周期的数学方程。在此之后不久，人们就用摆、齿轮系统和指针生产出了第一台能真正准确计时的装置。

傅科摆在南极或北极的旋转周期应该是24小时。2001年进行的实验确认了这一结果。

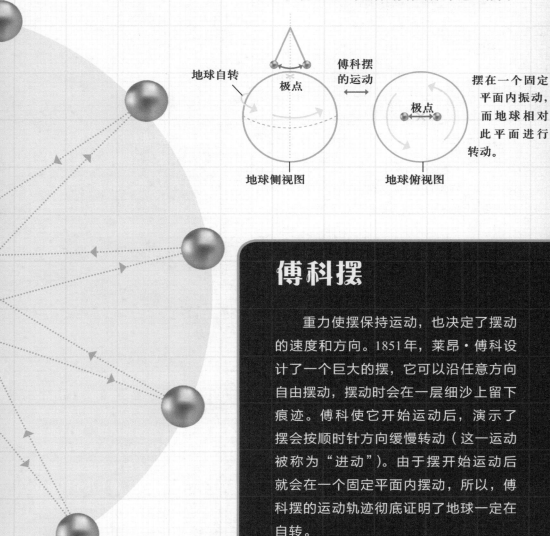

地球自转　极点　傅科摆的运动

地球侧视图

极点

摆在一个固定平面内振动，而地球相对此平面进行转动。

地球俯视图

傅科摆

重力使摆保持运动，也决定了摆动的速度和方向。1851年，莱昂·傅科设计了一个巨大的摆，它可以沿任意方向自由摆动，摆动时会在一层细沙上留下痕迹。傅科使它开始运动后，演示了摆会按顺时针方向缓慢转动（这一运动被称为"进动"）。由于摆开始运动后就会在一个固定平面内摆动，所以，傅科摆的运动轨迹彻底证明了地球一定在自转。

笛卡儿

　　从理论科学与数学到最抽象的哲学，笛卡儿因为他在很多领域的成就而为今人所铭记。笛卡儿虽然与伽利略处于同一时期，却没有特别专注于进行实验或建立具体的科学理论。他的关注点在于准确地确定一个人首先应该如何努力思考事物。他思考逻辑与方法，以及一个人怎样才有可能最终开始理解整个宇宙，并对此进行创作。

旅行学者

　　笛卡儿生于1596年，就读于法国安茹的拉弗莱什耶稣会学院。入学时他只有8岁，在此学习亚里士多德哲学的基本（也是最无可争议的）原理，以及基础数学。笛卡儿从很小的时候起健康状况就不好，因此他养成了每天直到上午才起床的习惯并保持终生。

　　笛卡儿于1612年从拉弗莱什学院毕业，然后不停息地遍历欧洲。他取得了法学学位，参加了军事学校，并且广泛学习了数学。

　　到1628年，笛卡儿厌倦了旅行，于是在荷兰安顿下来，并在这里撰写了物理专著《论世界》。他在该书中陈述道，物质是由微小的"微粒"（现代原子论的先驱）组成的，并且描述了一个地球围绕太阳运动的宇宙。

关键词

　　《论世界》（1664年）：写于1628年，却直到笛卡儿死后的1664年才得以出版。这是笛卡尔第一次完整展示自己的自然哲学，包括对原子的描述和对哥白尼太阳系模型的叙述。

　　《方法论》（1637年）：笛卡儿在该书中力图通过推论统一所有科学、数学和哲学主题。这一工作为"现代科学实践"设下了基准。

　　《形而上学的沉思》（1641年）：又名《第一哲学沉思集》，描述了笛卡儿的二元论哲学。他在这一理论中论证了人类的头脑与身体是分离的，以及我们是以思想确认现实。

　　《哲学原理》（1644年）：展示了笛卡儿在自然哲学方面的思想，包括他主张的运动物体在不受外力的情况下会保持速度恒定并沿直线运动。笛卡儿希望该书能颠覆西欧尤其是英国与法国的大学所教授的观点。

对于一个人如何知道自己的存在，笛卡儿做出了如今非常著名的解释："我思故我在。"

宇宙的运行，只需要纯粹的科学和推论即可。

在1637年出版的不朽作品《方法论》中，笛卡儿以简单的原则开始，授予读者思考科学的最好方法：首先怀疑一切事物（也就是说，去除所有的偏见），然后基于详尽的观察建立理论。笛卡儿还在这一作品中发明了最常用的数学工具之一：笛卡儿坐标系。

我们使用笛卡儿发明的坐标系在图表上标绘点。

然而，当笛卡儿听说伽利略在意大利的遭遇时，他决定不出版这部作品。

科学方法

笛卡儿从纯逻辑的视角处理关于真理和人类本性的深刻哲学问题。他还着手设计了一个全面的规划，将科学与数学相结合，从而为人类知识的发展构建一个更加客观的框架。虽然笛卡儿没有否定宗教的宗旨，但他相信要完全理解

笛卡儿在《形而上学的沉思》（1641年）中转向了更加抽象的哲学领域，他在该书中对于一个人如何知道自己的存在做出了如今非常著名的解释："我思故我在。"

笛卡儿于1650年在斯德哥尔摩因肺炎去世。在此之前，瑞典的克里斯蒂娜女王说服他移居于此，并担任自己的私人导师。

科学方法

　　文艺复兴期间，欧洲的学者致力于提高人类对于运动、重力和光学等理论的理解，并且在数学、物理等领域奠定了新的基础。不过，或许其中最重要的就是建立了一种清晰、简明且一致的科学方法：一个同时采用观察与推理方法的系统，用于对理论进行更加严格的检验。

科学方法的步骤

　　虽然并没有一种得到所有科学家认可的唯一步骤，但是至少有一种普遍认同的方法经过了良好的实践检验。这种方法的步骤大概是这样的。

　　1. 进行观察。例如，一个徒步旅行者穿过一片森林，发现了两只黑熊。

　　2. 对这一观察进行描述，并且以此建立一个与观察相符的一般规则，称之为一个假说。徒步者心想："这两只熊是黑色的，所以所有的熊一定都是黑色的。"

　　3. 利用这一假说对未来的实验进行预测。徒步者预测，当他见到另一只熊时，它也一定是黑色的，再见到一只还是一样。

　　4. 通过实验和进一步观察，对这些预测进行检验，做好根据最新结果修改假说的准备。徒步者看到的下一只熊是棕色的，他据此修正了自己的假说：同时包含黑熊和棕熊。

在科学中找到真理

不幸的是，这一基本的科学方法并没有真正的最后一步。科学的本质就是这样的，因此必须无限次地重复这些步骤。事实上，在科学中永远都不能在完成最后一步之后断言某件事是"真理"。

一个理论的完整性只能与用于发展该理论的实验一致（因此，如果我们说"宇宙中任何两个物体之间都存在万有

5. 重复这种观察后修正假说的模式，直到再也没有任何矛盾。徒步者周游世界，很快找到了黑熊、棕熊、白熊、黑白相间的熊、灰熊，以及其他几种颜色的熊。最后他将自己的假说扩展到囊括地球上能找到的所有熊。准确观察的次数越多，假说就越准确。科学方法的基础就在于此。

奥卡姆剃刀定律

奥卡姆剃刀定律是一条源于14世纪修道士威廉·奥克姆的逻辑原理，从那时起这一定律就成为了科学理论的标志。

奥卡姆陈述道："如无必要，勿增实体。"这句话的意思是，如果对于一个给定的现象有两个或以上的解释，一般来说比较简单的那个更好。换句话说，科学家用奥卡姆的"剃刀"来切除一个理论中任何多余的元素，只留下最简单的、必要的解释。比较简单的答案倾向于比过于复杂的答案更好，这是符合逻辑的。这个小规则适用于任何逻辑情况，甚至在科学范围之外都适用。

引力"之类的话，这只是一个理论），是基于到目前为止我们通过对宇宙的观察而做出的广义预测。也许有一天，我们有可能在某个遥远星系的某个地方找到两个不遵循万有引力定律的物体。如果真的找到了，我们就会认识到自己的理论是不完整的，而且面临努力对其进行修正的艰巨任务。

文艺复兴时期的学者最重要的一项成就就是建立了一种清晰、简明且一致的科学方法。

第3章

近代物理学的诞生

从艾萨克·牛顿开创性的工作开始到 17 世纪末，本章关注的是"牛顿式"物理学的许多要素。牛顿的工作在超过 200 年的时间里为物理学奠定了基础，并且至今仍在继续指引我们对宇宙的理解。本章说明了运动理论、万有引力、热力学，以及其他近代物理学的基本组成部分。

艾萨克·牛顿

艾萨克·牛顿无疑拥有历史上最伟大的头脑之一。不论是理论科学（力学和引力定律都由他开创）、数学（他发明了微积分）、神学（一生的热情所在）、炼金术（可能是他最喜欢的学科），还是任何其他的兴趣，我们都几乎无法夸大他的成就。牛顿的工作代表了从文艺复兴时期的科学向真正近代科学方法的过渡。

怪异的性格

艾萨克·牛顿于1642年的圣诞节出生在英格兰林肯郡科斯特沃斯附近的小村庄伍尔索普。他的父亲是一名成功的农场主，他在牛顿出生前就去世了。牛顿出了名地难相处，而且情绪不稳定，

> "没有大胆的猜测，就做不出伟大的发现。"
>
> ——艾萨克·牛顿

但他的才华使这些都显得不重要了。

1665年，牛顿从剑桥大学毕业后，为了躲避瘟疫而回到家乡。他在这里完成了一些最令人难忘的成就，其中包括微积分的建立、关于光和颜色的革命性理论，以及关于解释行星运动的尝试（不过尚不清楚著名的"掉落的苹果"事件是否真的发生了）。这几年中完成的工作最终导致了牛顿最伟大的著作《自然哲学的数学原理》，该书于1687年出版。他在1667年回到剑桥，并最终在此成为了卢卡斯数学教授。

▶ **关键词**

《自然哲学的数学原理》（1687年）：这是牛顿最重要的著作，展示了他的运动定律和宇宙万有引力定律。正是这部著作在超过两个世纪的时间里定义了物理学，并且如今仍然能教会我们许多知识。

《光学》（1704年）：在这部杰出的著作中，牛顿描述了他对光进行的革命性实验，其中包括反射、折射、对颜色复杂而充满想象的分析，以及关于棱镜的思考。本书的结尾还简短地涉及牛顿的原子论，这一理论本身在当时就非常具有革命性。

牛顿于1696年移居到伦敦，负责掌管皇家铸币厂，并且从1703年开始担任皇家学会会长，直到去世。1705年，他被安妮女王封为爵士。牛顿于1727年去世，葬于伦敦的西敏寺。

光学

　　牛顿将光学研究提升到了新的高度。他用棱镜进行的实验证明了白光是由单色光组成的，单色光可以相互分离，也能重新组合。他还（智慧但错误地）论证了光是由微小的颗粒（他将其称为"微粒"）组成的，而不是波。

数学

　　牛顿用公式表示了数学的二项式定理以及新的无穷级数展开方法，所有这些内容都包含在数学的一个巨大而复杂的分支——微积分中。微积分是近代科学与工程的核心，它为人们进一步探索宇宙运作的方式奠定了基础。

"微积分"符号

牛顿被认为是现代微积分的发明者，但戈特弗里德·莱布尼茨也有权利享此殊荣。

力学

　　牛顿的运动三定律（见第46～47页）和万有引力定律（第48～49页），在接下来的200年里成为了一切物理学的基石。在20世纪相对论和量子力学出现之前，牛顿力学是解释一切物理相互作用的关键理论。

牛顿运动定律

建立运动三定律可能是艾萨克·牛顿最伟大的成就了。即使在300多年后的今天，我们每天都会面对它们的实际应用。我们每走一步，每做一个动作，都会看到牛顿运动定律的演示。

第一定律

> 如果不受外力作用，静止的物体会保持静止状态，运动的物体会保持原来的运动状态。

牛顿第一定律也称为惯性定律。惯性是任何一个物体抵抗运动状态改变的趋势，它告诉我们使一个物体运动起来以及使开始运动的物体停下有多么困难。

第一定律的前半部分似乎很显然，没有人会怀疑一个物体无法自己开始运动。而此定律的后半部分就没有那么显然了。运动的物体会保持运动？这不是违反了我们的一切观察结果吗？如果我们使一个物体运动起来，它最终总是会停下来。古希腊的哲学家也是因为观察到这个现象才提出了相反的定律：每个物体最自然的状态就是静止，因此每个物体最终都会达到静止状态。然而牛顿意识到，一个物体停止运动不是因为本性驱使，而是因为它受到了相反的力，从而减速。地球上运动物体受到的阻力包括摩擦力、空气阻力以及物理势能。我们只能在太空的真空环境中看到这一定律的真实性。

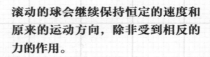

滚动的球会继续保持恒定的速度和原来的运动方向，除非受到相反的力的作用。

第三定律

> 对于每一个作用力，总会存在一个大小相等的反作用力。

这一定律被称为"相互作用定律"。想象两个穿着轮式滑冰鞋的人相互推动对方，根据牛顿第三定律，每个滑冰者都会经历相同的运动变化，但方向相反。两个滑冰者各自都会被相等的力向后推。我们由第二定律了解到物体的加速度直接取决于它的质量，因此如果两个滑冰者的质量不同，他们会发现相互远离的速度也会不同。

第三定律意味着所有的力都是相互的，因此不存在只沿一个方向作用的力。

牛顿摆展示了第三定律的原理以及能量守恒的观点。

一个物体的加速度与它受到的作用力成正比，与物体的质量成反比。

第二定律

> 物体受力会产生与该力的大小成正比的加速度，这两个值的关系是 $F=ma$。

在这个简单的方程中，F 代表作用力，m 代表物体的质量，a 是物体的加速度。

这一定律说明物体所受的作用力和物体加速的程度之间有一定关系，但这一关系直接取决于物体的质量。因此，对一个较重的物体进行加速所施加的力要比较轻的物体大。例如，推动一辆卡车要比推动一辆大众甲壳虫轿车难得多。

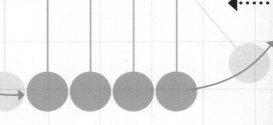

左边的球从初速度减速到零。

右边的球从静止加速到左边球之前的运动速度。

从苹果到行星：万有引力

几乎可以确定，艾萨克·牛顿并没有被一个下落的苹果砸到头。但他似乎确实有一段时间观察了苹果的下落，并且开始沉思：如果有一个力将苹果向地面吸引，这个力会延伸到多远呢？到天上？到大气层中？到太空中？会不会就是这个力使月球保持在绕地球转动的轨道上呢？牛顿后来证明确实如此，所有物体都遵守万有引力定律。

万有引力定律

这是牛顿提出的数学公式：

$$F = \frac{G(m_1 \times m_2)}{r^2}$$

可以利用这一公式计算两个物体之间的引力：F代表引力，G代表普遍恒定的万有引力测量值（在牛顿所处的时代，还没有对其进行精确测量），m_1是第一个物体的质量，m_2是第二个物体的质量，而r是两物体之间的距离。

现在它被称为平方反比定律，此方程定义的力与两物体之间距离的平方成反比。换句话说，距离增加时，万有引力会以更快的速度减小。正如方程所示，决定万有引力的关键因素是两物体间的距离。

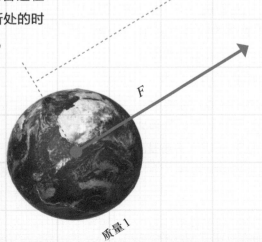

距离（r）

F

质量1

地心引力与质点

　　我们考虑两个相互受万有引力作用的物体时，通常会将它们想象为完全呈固态的物体。实际上，牛顿定律只有在考虑最基本的物体——质点时才是简单的。在现实中，两个大体积物体（比如地球和月球）之间的万有引力是组成地球的众多质点和组成月球的众多质点之间万有引力的总和。在计算地球上某个给定位置的地心引力（重力）时，很容易就会忘记物体不只简单地受到地核中心一个质点的吸引。所有物体都受到组成行星的所有质点的吸引。

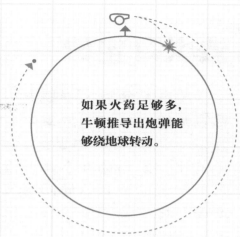

如果火药足够多，牛顿推导出炮弹能够绕地球转动。

　　牛顿推论道，如果地球是球体（实际上非常相近），那么他的方程就能起作用，因为可以将所有这些质点加在一起，使得行星好像只有一个"引力中心"一样。

质量2

-F

迹与地球的曲率一致，炮弹则不会落向地面，而是绕地球转动一周。它将会进入轨道！

进入轨道

　　想象山顶上有一尊大炮沿水平方向开火，从这一位置射出的炮弹最终会落回地球。添加更多的火药，就有可能使炮弹在被地球的引力拉下来之前飞行的距离延长。现在，想象我们可以在炮中填入足够多的火药，使炮弹的运动轨

质量与重量的区别是什么

　　物体的重量依赖于万有引力，因此一个物体在地球上的重量会与在月球上不同。另一方面，质量与万有引力完全无关，因此在地球上移动一个物体和在太空中移动它所需的能量应该是完全相等的。当然在地球上看起来更困难一些，这是因为存在反作用力，例如重力、摩擦力以及空气阻力。

波义耳定律

早在艾萨克·牛顿之前，科学研究的另一个分支就已经开始了。这一分支研究气体和其他元素的本质与行为，一直发展到19世纪。大部分的工作都是由一些最早的化学家与物理学家进行的，例如罗伯特·波义耳和丹尼尔·伯努利，他们对气体元素的探索引导人们更好地理解化学、原子论甚至日常生活中的力学。

发现

罗伯特·波义耳在17世纪60年代进行最重要的研究工作之前，读到了奥托·冯·格里克发明的一种新型气泵的资料，科学家可以用它在密闭的容器中创造真空。波义耳自己建造了一台这样的气泵，然后用它研究了不同气体的性质。波义耳定律就来自这一研究，此定律规定，对于任意一种温度恒定的定量气体，它的压力与体积互成反比关系。这就意味着当气体体积增加时，压力就会成比例降低，反之亦然。

数学计算

波义耳定律的数学方程是：

$$pV=k$$

在这一公式中，p代表系统的压力（单位通常为帕斯卡或标准大气压），V代表气体的体积，k是一个与系统的压力和体积有关的常数。

已知温度恒定，波义耳定律说明气体的体积与作用于该气体的压力成反比。

这就意味着在充气的气球中，空气占据的空间大小会根据它周围的压力而变化。地球表面的压力大约为1个标准

可以说如今波义耳定律比1662年波义耳用公式将其表示出来的时候更加重要。它是空中、太空和海底旅行以及其他很多应用的依据。

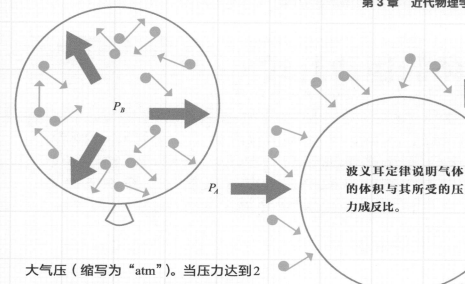

波义耳定律说明气体的体积与其所受的压力成反比。

大气压（缩写为"atm"）。当压力达到 2 个标准大气压时，气球内空气的体积会缩小到原来的一半。

波义耳定律的运用

将注射器上的活塞向外拉时，圆筒内的体积增加，从而降低了压力，然后就会将液体（比如血液）吸进来。人体呼吸系统也是通过相同的原理将空气吸入肺中的。潜水艇设计者必须考虑到船体下潜时所受水压的作用。

减压病

人们最早是从在水下高压舱中工作的建桥工人身上认识这种被称作减压病的毁灭性疾病的危害的，这种病可能在水肺潜水员中最为知名。这是展示波义耳定律的完美（但不幸的）示例。

想象一个潜水员下降到深海中，从气筒中呼吸加压后的空气。

虽然随着进一步下降，潜水员周围的压力上升，但空气还是可以轻易地通过呼吸系统。现在假设潜水员到达了海底，深吸一口气，然后在浮到水面的过程中屏住呼吸。波义耳定律预测到，因为气压随上浮而降低，空气中的氮气体积会增大，空气会膨胀！潜水员受到了训练，为了避免这种可怕的结果，决不能在上浮过程中屏住呼吸。

气体的运动方式

　　虽然牛顿与波义耳已经预测了原子的存在，但直到18世纪，人们仍然在很大程度上无法证实这一概念：一切物质都由微小而不可分割的粒子组成。物理学家与化学家在更加专心地探索气体性质时，意识到要理解气体的行为，关键是要理解一些更加基本的事情：原子的运动。

流体力学

　　1738年，荷兰-瑞士数学家丹尼尔·伯努利（1700—1782）发表了对气体最早的完全统计性的研究结果之一。伯努利用公式表示了他的气体理论，后来称之为气体动理论。他认识到为了解释气体的行为，可以将气体看作由大量单个的微观粒子组成，这些粒子不断运动并相互碰撞，以完全随机的方向向四处反弹。换句话说，就像把气体看成是由原子组成的一样。

　　对伯努利来说，气体的压强是粒子的数量及其对给定表面（比如压力容器壁面）撞击速度

容器中气体的压力是由气体中单个颗粒（分子）的运动引起的。

的一种度量。虽然不可能逐个数清这些粒子，但通过使用当时人们已经充分理解的数学概念，是有可能对粒子的集体行为进行统计性测量的。这种分析使物理学家能够以新的方式探索粒子运动的本质，从而引出了热力学定律。

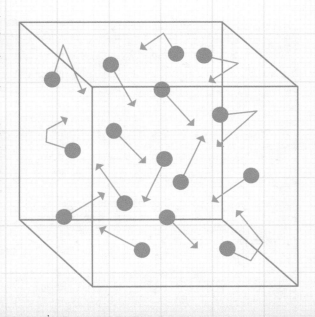

$P = 100\,kPa$
（0.987个标准大气压）

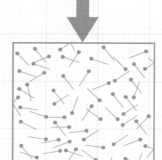

气体受到压缩体积减小时，压力会增大。

$P = 200\,kPa$
（1.97个标准大气压）

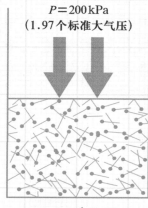

$P = 300\,kPa$
（2.96个标准大气压）

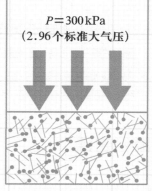

$V = 6\,dm^3$（6升）　　　　$V = 3\,dm^3$（3升）　　　　$V = 2\,dm^3$（2升）

热能转化为动能

19世纪，法国物理学家萨迪·卡诺对蒸汽机的工作流程进行了解释，因而被人们称为热力学之父。

在蒸汽机中，水被加热到沸点变成蒸汽。在这一过程中，由于分子运动加剧，水的体积急剧增大。这正如伯努利的分子运动理论所预测的一样。由于密封腔室内的蒸汽无法膨胀，压力就会升高。利用这一压力推动活塞，就能将热能（或者说气体分子的运动）转化为机械能。

现代的内燃机以相似的方式使用化学能，利用某种化学物质（例如汽油）的燃烧来产生驱动活塞所需的压力。

你有没有在加热一壶水的时候看到盖子由于蒸汽压力作用开始震动并略咯咯作响？如果有，你就已经体验过气体动理论的力量了。蒸汽中水分子的温度越高，运动越快，所有这些相互撞击的水分子对壶盖的压力就会越大。我们看不到原子（或分子），却很容易就能看到原子（或分子）的作用。

热力学定律

什么是热量？什么是能量？气体动理论从物质中四处碰撞的微观粒子层面描述了热量与压力的关系，也大大加深了我们对这些现象的理解。19世纪，人们由此得到的热力学定律准确定义了热量与能量的作用方式，以及我们怎样对其进行应用。

第一定律

> 一个系统内部增加的能量等于加热系统增加的能量减去系统做功损失的能量。

这一定律也称为能量守恒定律。它本质上是说，宇宙中的能量总量永远也不会变化。一切能量一定都有处可去，可以对任何情况下的总能量进行解释。

对任何情况进行仔细观察，就可以揭示此定律的真谛。比如，想象一辆车滚下山坡后撞到一棵树上。这辆车在滚下山坡时具有很高的动能（运动），但在撞到树上的时候，看起来这些能量全都消失了。它去哪儿了呢？

能量其实并没有消失，它只是转换形式而耗散了。动能转换为声能、热量，以及车内单个粒子的运动。这就导致车的结构产生了变形。能量有许多形式，都可以相互转换，因为能量无非就是运动。

能量源自粒子的运动。牛顿运动定律明确提出，动能可以从一个物体转移到另一个物体。因此，虽然可以将动能从车内的粒子转移到树内的粒子，但这种动能却永远也不会完全消失。

第二定律

> 系统中发生的任何过程都会使宇宙的总熵增加。

熵就是无序、混乱。换句话说，宇宙总的无序性总是在增加。

任何一个系统（如人体、房子、植物）中都有一定的有序性。原子相互结合形成分子，复杂的结合会形成复杂形式的物质，如动物相互作用，植物生长，等等。但这种有序性在稳定地下降。考虑一面镜子碎成了几百个碎片。

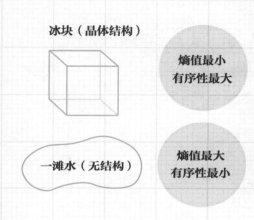

冰块（晶体结构）

熵值最小
有序性最大

一滩水（无结构）

熵值最大
有序性最小

玻璃中整齐排列的粒子分离了，这就构成了有序性的下降。即使我们再努力，也无法完全恢复系统的有序性。

开氏温标的命名是为了纪念第一代开尔文男爵威廉·汤姆森的研究工作。

可能存在永恒运动吗

热力学第二定律告诉我们，能量总是在损失的。根据这一基本原则，每台机器都需要能量供应才能持续运转。几百年来人们都在寻找永动机，但熵增原理告诉我们永远也找不到这样的装置。不论是转化为摩擦、声音还是用来克服阻力，任何一台机器都会损失能量。

第三定律

系统的温度接近绝对零度时，熵值也接近一个恒定的最小值。

热力学第三定律是由威廉·汤姆森（后来被封为开尔文男爵）在前两个定律提出几十年之后建立起来的。汤姆森认识到，如果热量是由粒子运动产生的，那么一定存在一切热量都失去的一点，也就是说此时粒子完全达到静止状态。这一点就是绝对零点，或称零开尔文。

迈克尔·法拉第

迈克尔·法拉第可能是19世纪科学家中的最佳典范，他协助开辟了科学与技术的新纪元。他在化学领域的研究工作大大提升了我们对物质的了解，而他在电学领域的研究工作对现代技术的发展做出了很大贡献。法拉第发现了电磁感应现象，并且发明了电动机。

迈克尔·法拉第（1791—1867）从13岁开始做装订工助理。这项工作使他能够接触到最新的科学书籍，因此他开始对物理学充满热情。

路易吉·伽伐尼（1737—1798）发现肌肉通电后会收缩，不过他分析出的原因是错误的。

在皇家研究院工作时期

法拉第参加了著名化学家汉弗莱·戴维爵士的讲学，然后和他一起在欧洲游历，期间遇到了很多当时杰出的科学家，包括安培与伏特。这两个人的名字后来都成为了电学的同义词。

与戴维回到伦敦并重返工作后，法拉第立即展现出了他在实验与演讲上的天分。

1821年，法拉第娶莎拉·伯纳尔为妻。1824年，他当选为皇家研究院的一名会员。不过出于一点点同行的嫉妒，这一晋升实际上受到了戴维（学会的前主席）的反对。

后来法拉第又进行了30年的研究，但他没能在有生之年看到自己毕生工作所产生的最大影响以及现代电子学的崛起。

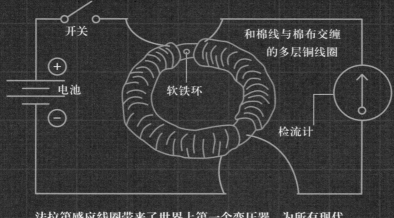

开关

电池

+

−

软铁环

和棉线与棉布交缠
的多层铜线圈

检流计

**法拉第感应线圈带来了世界上第一个变压器，为所有现代
电动机的发展铺平了道路。**

亚历山德罗·伏特（1745—1827）是
伏打电堆的发明者。伏打电堆是一种早
期的电池，由一叠铜锌合金板组成。

安德烈-玛丽·安培（1775—1836）
是电磁学的先锋人物，电流的国际单位
安培是以他的名字命名的。

线周围的环状磁力线导致
的持续的旋转运动）。10
年后，他又发现了电磁
感应。他的"感应环"
是第一台变压器，此后不
久他就发明了第一台发电
机。法拉第通过使导体在磁场中运动而
产生电流，几乎一手开启了电子学的现
代进程。

法拉第的工作

法拉第最有影响力的工作集中在电
和磁的关系方面。戴维开始对这一课题
感兴趣，这也使法拉第有机会在这方面
进行研究。

虽然法拉第从未以数学家著称，但
他能够依靠实验建立磁与电的直接关
系。这就使在他之后的其他人能够建立
关于光与电的数学理论。

法拉第发现了电磁旋转现象（由导

**法拉第在化学领域的研究也不应
被遗忘，他在这方面的研究工作导致了
氯的液化以及苯的提取，等等。**

第 4 章

19世纪的物理学

19世纪是物理学发展的关键时期。在此期间，世界见证了最早的电学理论、原子的正式发现以及电子与放射性的发现，并尝试对亚原子领域进行了最早的研究。这些突破导致了极具实用性的应用以及新的物理学理论。我们如今对于物理学的大部分了解都基于那个世纪完成的研究工作。

詹姆斯·克拉克·麦克斯韦

迈克尔·法拉第的研究工作为完整的电磁学理论奠定了基础，但最早建立光电数学理论的人是詹姆斯·克拉克·麦克斯韦。他向我们示范了即使是如此复杂的概念，也可以用科学与数学进行完全解释。

非凡的智力

詹姆斯·克拉克·麦克斯韦于1831年出生在苏格兰。他一开始在家中接受教育，1841年进入享有盛名的爱丁堡学院学习。麦克斯韦虽然因为乡下口音和卑微的出身而受到同学的嘲笑，却在早年表现出了非凡的智力，并且开始痴迷于数学，尤其是几何学。他在13岁的时候就获得了数学、英语与诗歌的奖项。14岁的时候他撰写了第一篇数学论文，详细描述了用一根绳绘制数学曲线的方法，并解释了椭圆以及其他具有两个以上焦点的曲线的性质。

麦克斯韦于1854年毕业于剑桥大学三一学院，取得了数学学位，然后在亚伯丁与伦敦获得教授职位。1871年，他成为剑桥第一位卡文迪许物理教授。他

天文学：麦克斯韦推导出土星环（最早由伽利略在1610年观测到）是由固体小颗粒组成的，这一推理最终得到了证实。

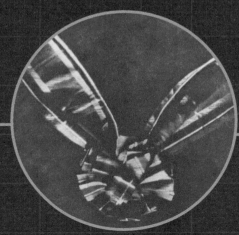

光学：麦克斯韦被誉为第一个拍摄彩色照片的人，他通过将3幅单色图片通过不同颜色的过滤器投射而得到一幅彩色图片。

最伟大的遗产就是对电磁学详细的数学
描述。

　　1879年，麦克斯韦因腹部肿瘤于剑
桥去世，享年48岁。

电磁学：麦克斯韦关于电和磁的方程（见第
62 ~ 63页）被认为是他对近代世界最重要
的贡献。

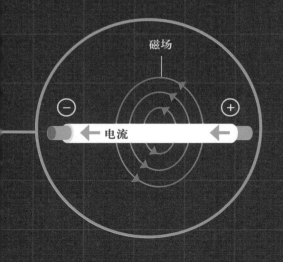

磁场

← **电流** ←

麦克斯韦的科学贡献

　　虽然如今麦克斯韦主要是由于建立
了解释电磁学的数学方程而为世人所铭
记，但他在数学与科学方面贡献的范围
也是很广泛的。

　　他对运动粒子的统计性解释（见第
70 ~ 71页）（和奥地利的路德维希·玻
尔兹曼的研究工作一起）对气体动理论
数学模型的建立做出了重要贡献。这使
人们更加重视粒子（原子）的运动产生
热这一概念。麦克斯韦还在机械与工程
领域进行了重要的数学研究工作。

　　不过，他最大的成就是对迈克
尔·法拉第的电磁理论进行了扩展，并
且将其表达为数学公式（见第56~57
页）。麦克斯韦说明了电场与磁场的行
为（以及二者之间的关系）可以仅用几
个简单的数学方程进行描述。这些方程
非常卓越，因为它们终于以数学的方式
证明了电与磁不仅仅相互关联，而且是
一体的。麦克斯韦说明了振荡的电荷会
产生磁场。

　　麦克斯韦方程是19世纪物理学最
伟大的成就之一。实际上，许多人认为
麦克斯韦在电学与磁学（统称为电动力
学）方面的研究工作是那个时期最重要
的科学进展。它对20世纪人们的生活方
式产生了最大的影响，因为它使电能够
在未来为计算机、车辆和宇宙飞船提供
动力。所有使用现代技术的人都应感谢
麦克斯韦。

麦克斯韦方程

"在人类历史上，从长远来看，就从现在开始的10000年之后来看，将麦克斯韦发现电动力学定律作为19世纪最重大的事件，几乎无可置疑。与这一重要的科学事件相比，同时代的美国内战都会黯然失色，显得狭隘而渺小。"

——美国物理学家理查德·弗里曼

揭开光的神秘面纱

在麦克斯韦的研究工作之前，光还是某种神秘的东西。同样，在迈克尔·法拉第关于电磁感应的研究工作之前，人们对电和磁的了解甚微。麦克斯韦想到可以用数学的方式解释所有这些现象，而通过这样的工作，他观察到了令人震惊的结果：二者可以用相同的方程表达。

在麦克斯韦的理论中，光只是电磁之间不停的相互振荡。法拉第已经说明了电与磁是一体的，而光则是二者相互作用的产物。可以想象在一束光内电磁之间复杂的相互作用：磁的产生创造了电，而电又创造了磁，如此反复。根据麦克斯韦的说法，电磁之间相互作用的结果不只是一束光，而是整个电磁场。

方程

1865年，麦克斯韦以8个方程的形式提出了他的理论，其中每个方程都解释了电磁谜团的一小部分。如今这些方程（在不改变任何结果的情况下）缩减到4个，如下页所示。

"麦克斯韦方程对人类历史的影响比10个总统的总和都大。"

——卡尔·萨根

电位移 +

磁力 +

麦克斯韦方程将光看作电与磁之间"交互跃进"的相互作用。

法拉第电磁感应定律
这是对法拉第发明的电动机工作原理的数学描述，它说明一个电场的"弯曲程度"取决于磁场的变化速度。迈克尔·法拉第在磁场内外来回移动线圈，从而感应出了电荷，他因此注意到这一关系。

$$\nabla \times E = -\partial B/\partial t$$

电的高斯定律
第一个方程以德国数学家卡尔·弗雷德里克·高斯的名字命名，它定义了电场的变化（以 ∇ 表示）。此方程利用给定时间内给定空间中某点的电荷密度对电场的变化进行量化。

$$\nabla \cdot E = \rho/\varepsilon_0$$

$$\nabla \cdot H = J + \partial D/\partial t$$

磁的高斯定律
这个方程相当简单：它说明强度为 B 的磁场总的变化量（∇）总是为零。换句话说，磁力总是从一极流向另一极（例如从磁铁的正极到负极），但由于磁力总是沿环向运动，因此不会有任何增加或减少，总的变化为零。

$$\nabla \cdot B = 0$$

安培定律
最后一个方程与法拉第电磁感应定律相反。它说明变化的电场会影响磁场的"弯曲程度"。麦克斯韦意识到，他可以利用这两个方程共同解释光的现象。就这样，麦克斯韦解释了所有不同形式的光：可见光、无线电波、伽马射线，甚至当时还没有被发现的 X 射线。这样就有可能推断光速了。

电学基础知识

在19世纪所有的科学成就中（不论是原子论、化学、天文学还是放射性），最直接地塑造了我们所在世界的也许就是对电学的研究。世界上大部分人每天都要用电，它触发了制造业与通信的革命，使我们所有人的生活更加舒适。但电到底是什么呢？

电学入门

虽然从远古时代开始人们就知道电的存在（它的名字来源于希腊语 "*elektron*"，意为"琥珀"，因为这种材料能够产生静电），但直到相对较近的时期我们才理解了电。如今我们知道，电只是电子在物质内的定向流动。

电子是围绕带正电的原子核运动的负电粒子。原子内电子的负电荷通常与核内的正电荷相等。当质子与电子之间的平衡被外力扰乱时，原子就可能获得或失去一个电子。原子失去电子时，这些电子的自由移动就形成了电流。

有些种类的原子（例如金属）能够使电子轻易从中流过，这些物质被称为导体；有些物质完全不允许电子流过，称之为绝缘体；有些（例如硅）会使电子的流动受到限制，称之为半导体。一种材料允许或阻止电流的程度称为该材料的电阻。

电池

电子

电流就是绕电路移动的电子流。

获得电能

到18世纪中叶，人们已经认识到物体会受到磁力的排斥或吸引，电流能穿越几千米长的导线进行传输（引出了下文将要介绍的电报以及其他所有的现代通信方式），人们还对病人进行电击，希望能够得到一些有益的效果。

当法拉第在19世纪中叶阐明了电磁感应原理之后，人们终于意识到真的能利用电能进行工作。法拉第说明了可以通过转动磁铁来产生电能，很快这一原理就得到了越来越大规模的应用。

如今电站的运行精确地遵循150多年前法拉第发现的原理，利用风机、内燃机、水轮机或其他机器驱动发电机将机械能或化学能转化为电能。现代电子学家利用元素的电学性质制造晶体管、电阻和二极管，用它们调节小至单个电子的能量流。但不论技术发展得如何复杂，我们依靠的仅仅是原子中电子的运动。

电的度量

电的度量涉及以下4个基本单位。

● 伏特：度量电流的"压力"。不同的国家有不同的电压标准。

● 瓦特：度量电功率，也就是电流做功的能力。

● 安培：度量电流的流量，即电路中究竟有多少电子通过。

● 欧姆：度量电路中某种材料对电流的阻抗程度。

如今我们可以用电做许多事情，我们甚至可以在头发上摩擦气球，使头发连根竖起。

1939年的一台电报机。

关于光的研究

从最初起，光这一艰深的课题就隐藏在迷雾中。它是一种物质吗？它是一种力吗？它是在移动还是仅仅存在着呢？它是以有限速度传播的吗？如果是，它有多快呢？这些问题虽然很早就有人提出了，但直到文艺复兴时期才开始得以解答。

光的速度

1638年，伽利略用一盏灯向另一盏发出光信号，尝试通过测量延迟时间来确定光速。但实验失败了，因为光速实在太快了，以致无法测量延迟时间。

将近40年之后的1676年，丹麦天文学家奥利·罗默在研究木星的卫星之一——木卫一时，得到了一个重大发现。罗默发现从地球上来看，木卫一围绕木星的旋转周期不总是恒定的。他正确推断出，这可能是由光从木星传到地球的时间延迟导致的。罗默计算出光速大约为220 000千米/秒，这绝

对比之前的任何人都接近如今人们普遍接受的光速值。

光是什么

到18世纪，人们接受光速是有限的。现在关注点转向了光的本质。

牛顿认为光由粒子（他将其称为"微粒"）组成，但荷兰物理学家克里斯蒂安·惠更斯主张光以波的形式传播。一个世纪之后，托马斯·杨的实验工作更倾向于惠更斯的观点，说明了光确实以波的形式传播。很快大部分物理学家都接受了这一理论。

但关于光的本质的细节尚不清晰，直到麦克斯韦在1864年发表了里程碑

奥利·罗默相对于地球围绕太阳（*A*）的旋转轨道（*E-H*，*K-L*），观察了木卫一围绕木星（*B*）的旋转轨道（*C-D*）。

式的电磁学理论，说明了光波就是
电磁波。可以利用他的方程对这些
力相互作用的速度进行数学推导，
结果刚好与光速的测量值精确相符。

普适常数

光速的计算在 19 世纪得到了进
一步修正，最终得出目前已被广泛
接受的数值 299792.458 千米/秒，同
时我们也开始理解关于速度的一些
非常奇特的现象。

通过阿曼德·斐索在 1851 年以
及阿尔伯特·迈克尔逊与爱德华·莫
雷在 1887 年进行的实验，一个非常
特殊的事实清晰起来：无法相对某
人自己的速度对光速进行测量，它
是一个普适的常数。这就意味着不
论一个人相对于光以多快的速度移
动，光速总是相同的。如果一个人
是静止的，另一个人以 10000 千米/
小时的速度移动，两个人测量的光
速仍然相等。这一认识对于爱因斯
坦的狭义相对论至关重要。

**迈克尔逊-莫雷实验利用 3 面镜子测量
了两个方向的光速，其中一面镜子是半
透明的。**

迈克尔逊与莫雷

1887 年，阿尔伯特·迈克尔
逊与爱德华·莫雷设计了物理史上
最重要的实验之一。到当时为止，
人们仍然认为宇宙中充满了名为
"以太"的不可见物质（这一理论
最早由亚里士多德提出）。迈克尔
逊与莫雷尝试通过观察光逆以太传
播是否比顺以太传播更慢，从而探
测以太的存在。他们发现不仅这两
种情况对光速没有任何影响，而且
相对于地球运动测量到的光速根本
就没有变化！迈克尔逊-莫雷实验
最终导致了爱因斯坦的狭义相对论
（见第 90 ~ 91 页）。

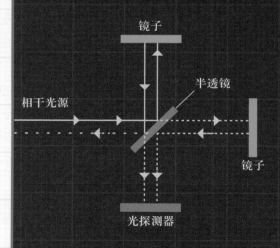

镜子

半透镜

相干光源

镜子

光探测器

不可分割的物体：原子

　　虽然最早的原子论起源于2500多年前的希腊哲学家德谟克利特，但这一想法却被恩培多克勒的"元素"理论有力地扼杀了，后者的统治地位一直保持到科学的近代纪元。然而，在18和19世纪原子论重新返回了历史舞台。

原子的重生

　　对于原子存在的推测已经持续了几个世纪，最终英格兰化学家约翰·道尔顿（1766—1844）提出了完全切实可行的原子论观点。通过对多种不同气体的压力与质量进行大量测量，他得出的观点是：气体的性质可能取决于组成它们的微小颗粒（原子）。道尔顿继续推断出，重量不同的不同原子导致了一切不同种类的已知元素。

　　因此，道尔顿是第一位尝试创建原子量表（1803年建立了一个粗略的表格，1805年进行了改进）的物理学家。60多年后，俄国化学家德米特里·门捷列夫将道尔顿的表格扩展到近乎完美的程度，得到了一张与如今所用的表格非常近似的周期表。

　　约翰·道尔顿发现了一些原子论的基本原理，例如给定元素的所有原子都完全相同，任何两种元素的原子都不相同，以及原子可以相互结合形成化合物。

ELEMENTS

	wt		wt
Hydrogen	1	Strontian	46
Azote	5	Barytes	68
Carbon	5	Iron	50
Oxygen	7	Zinc	56
Phosphorus	9	Copper	56
Sulphur	13	Lead	90
Magnesia	20	Silver	190
Lime	24	Gold	190
Soda	28	Platina	190
Potash	42	Mercury	167

元素及原子量表，来自道尔顿的《化学哲学的新体系》，出版于1808年。

道尔顿尚有瑕疵的理论

但是，约翰·道尔顿对原子论的逻辑有一个近乎致命的瑕疵。他在一系列原子"规则"中声明没有比原子更小的物质，但当时还没有这一理论任何真实的证据。在道尔顿心里，他已经找到了宇宙最基本的构成元素了。

事实证明道尔顿对此的观点完全错误，但利用当时可用的相当基础的科学工具，他仍然取得了很大的进展。道尔顿去世时相信他所构想的原子确实存在，而事实也是如此，但他不可能预见到对它们复杂的结构、众多的组成部分及其相互结合的力的发现。他在这一理论的建立中扮演了如此重要的角色，该理论最终会导致大型强子对撞机（价值几十亿美元的粒子加速器）的出现，专门为探测这些微小粒子而设计。

道尔顿声明这些粒子显然一定是不可见的——正如它的名字在希腊语中意为"不可分割的"。

为什么我们看不到原子

原子论经过了这么长的时间才流行起来，这并不令人惊讶。依照定义，原子是不可见的。

人类能够用肉眼看到的事物，其尺寸一定比光的波长大，因为我们是通过物体反射的光线看到它们的。小于光波的任何物体都是不可见的。可见光的最短波长小于400nm（纳米，或者说十亿分之一米）。可能存在的最大的原子比当前最先进的光学显微镜能看到的尺寸的1/1000还小。然而，一切物质都是由这些粒子组成的。

现在我们知道了原子远不像约翰·道尔顿说的那么简单，它们是大自然中最迷人的艺术品。

道尔顿绘制的乙醚和乙醇的分子。

布朗运动

即使在发现原子之后，很多享有盛誉的科学家仍然难以相信这一过于牵强的概念：宇宙是由无数微小粒子（原子）组成的，它们全部由某种未知的力结合在一起，组成了一切物质。虽然约翰·道尔顿的原子论很清晰，而且对化学家肯定非常有用，但它尚未通过实验检验，直到苏格兰植物学家罗伯特·布朗进行了非凡的研究工作。

运动的分子

1827年，布朗在显微镜下观察透明液体中的花粉颗粒时注意到它们的表现有些奇怪，它们就像有生命一样四处游动，随机跳动，而且没有可见的动力或可循的规律。

这一现象如今被称为布朗运动。很快人们就发现，运动不是（像当时普遍的解释一样）因为花粉颗粒具有生命，而是由于花粉颗粒受到了水本身所含分子的推动。换句话说，它们受到水分子的四处碰撞。

布朗运动大大证明了，即使在看起来平滑的液体（比如水）中，微小颗粒也是存在的。直到将近80年之后，阿尔伯特·爱因斯坦将布朗运动的概念提升到一个新的层面，这一现象的重要性才逐渐清晰起来。

在透明液体中随机运动的花粉颗粒。

爱因斯坦的随机游走公式得到的结果是，液体中的原子四处推挤微小的颗粒，从而表现出同样随机、混乱的运动。

爱因斯坦的贡献

爱因斯坦在他的"奇迹年"（1905年）发表的4篇论文之一为《根据分子运动论研究静止液体中悬浮微粒的运动》。通过测量布朗运动，爱因斯坦以惊人的精度计算了每平方英寸中水分子的数量，并且为粒子的运动提供了统计学与数学公式。

爱因斯坦假设粒子在液体中运动时，比它更小的粒子从每个方向向其施加压力。通常花粉颗粒每一面所接触的原子数都大致相同，它们都随机地相互挤压碰撞，因此大多数时间这些运动都会相互抵消。但花粉颗粒不时地在某个方向被挤压得多一些，因此就会向那边移动，然后它又会被推向另一个方向，从而又会向另一边移动。

爱因斯坦发现虽然这样的运动确实是随机且不可预测的，却也的确遵守某些概率定律，他用一个数学公式对其进行解释，这一公式后来被称为"随机游走"。原子第一次"可见"了！

醉汉的游走

爱因斯坦的随机游走公式说明，布朗运动确实是由液体中原子完全随机的运动所控制的，但随机运动的应用远远超出了原子物理学。事实上，人们将同样的公式应用于大范围的学科中，例如以下所述。

基因：定义基因库随时间的变化。

赌博：输赢的概率与随机游走类似。

经济：对股价的涨跌进行建模。

醉酒：可以用随机游走对一个醉酒的人试图从酒吧回家所做的看似随机的运动进行建模。因此，这一模型常被称为"醉汉的游走"。

电子的发现

原子发现于19世纪初。虽然大部分的科学群体直到一个多世纪之后才最终确信了原子的存在，但物理学家已经开始对物质进行更深入的探寻了，只为发现更小的物体。第一个这种亚原子（比原子小的）粒子就是电子。

汤姆森的实验

电子的发现归功于英国物理学家J.J.汤姆森。他不仅是一名伟大的物理学家（他于1906年获得一项诺贝尔奖），还以一名出色的教师而闻名，因为他的7名学生和他的儿子后来都各自获得了诺贝尔奖。

汤姆森在1897年发现了电子，当时他正在用一根阴极射线管进行实验。阴极射线管是一种电子设备，在一根真空管的正负端之间传送一束粒子（见下页"阴极射线"）。

当时对阴极射线的组成尚不清楚，但汤姆森的实验确定了它不论是什么，都是带有负电荷的。他利用磁场使射线弯曲，接着测定了弯曲的方向，从而确定了射线的质量及电荷种类。汤姆森发现这些射线是由比原子还要小得多的微

J. J. 汤姆森（1856—1940）在用阴极射线进行实验时，推断出了电子的存在。他利用克鲁克斯管（见对页）观察了射线的弯曲。

小粒子组成的（可以通过给定磁场中的弯曲程度确定这一点）。人们第一次发现存在比原子还小的物体——带负电的微小粒子。

对电子的响应

需要很多实验才能确定地证明电子的存在，而且没人知道它们到底是什么样子，功能是什么，或者它们到底为什么会存在。很多问题至今依然没有答案。

如今人们知道，电子是原子结构的基本组成部分。它们提供了原子所需的电荷平衡，还在原子间形成结合键。换句话说，如果没有电子，就永远无法形成分子，原子间就会保持分离状态。

电子不仅仅是电流的来源（不过这也是它们扮演的非常重要的角色），它们也是物质最初存在的原因。

汤姆森的实验的确是至关重要的，这些实验跳跃式地开启了整个亚原子发现的浪潮，包括理解原子的下一步——原子核的发现。

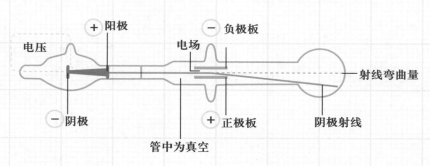

阴极射线

在现代平板电视出现之前，电视机屏幕上画面背后的驱动力是阴极射线。一块带有电荷的金属释放出电子射线，通过磁场的引导撞击在屏幕上布满的几千个彩色磷光点之一，使这一点被点亮。这一过程每秒重复几千次，就可以得到活动的画面。

虽然这样的电视机大部分都被淘汰了，但阴极射线依然在科学中发挥着作用。

欧内斯特·卢瑟福

欧内斯特·卢瑟福以核物理之父著称，他在粒子物理领域（一个他自己帮助创立的领域）做出了大量发现，包括发现原子核、光子，以及3种形式的放射性衰变。他预测了中子的存在，并且创建了现代原子模型。

英国籍新西兰人

欧内斯特·卢瑟福（1871—1937）具有新西兰血统，他于1895年移居英格兰剑桥，跟随J.J.汤姆森学习。他在这里完成了新生的放射性领域中最初的研究。

他用铀和钍进行的实验使他为两种已知辐射创造了术语"阿尔法粒子"与"贝塔粒子"。第3种粒子，伽马辐射，是由保罗·维拉德直到1900年才发现的。

卢瑟福在加拿大蒙特利尔的麦吉尔大学度过了10年的时间，然后于1907年回到英格兰，在曼彻斯特大学工作。他获得了1908年的诺贝尔化学奖，并于1914年被授以爵位。最后，他在1919年继J.J.汤姆森之后成为剑桥的卡文迪许物理学教授。卢瑟福留在剑桥，直到1937年去世。

> "一切科学除了物理就是集邮。"
> ——欧内斯特·卢瑟福

卢瑟福（与阿尔伯特·爱因斯坦、恩里科·费米和玛丽·居里）属于少数几个以名字命名元素的人。

月球上有一个火山坑以他命名。

许多研究院（包括新西兰的卢瑟福学院与英国的卢瑟福学院）都以他命名。

许多研究院都为表示对他的敬意而对建筑物命名。

金箔革命

在获得诺贝尔奖的第二年，卢瑟福与他的学生汉斯·盖革与欧内斯特·马斯登着手进行金箔实验，正是这个实验使他对原子核做出了预测。卢瑟福预测到原子核是由带正电荷的粒子（质子）组成的，他也促进了质子的发现。后来他提出可能存在与质子相似、带中性电荷的粒子。卢瑟福以前的一名学生詹姆斯·查德威克于1932年发现了中子。

卢瑟福不仅是创建第一个原子模型（它被巧妙地命名为"太阳系"模型）的首要负责人，也部分负责了对这一模型的改进。该模型由最早的量子物理学家之一尼尔斯·玻尔进一步完善。他为了跟随伟大的卢瑟福学习，从丹麦移居到英格兰。通过将量子力学加入卢瑟福的模型，这两个伟大的人物（19世纪末最伟大的思想家卢瑟福与20世纪初最伟大的人物玻尔）建立了卢瑟福-玻尔原子模型，这促进了量子力学的出现，进而将科学带入了一个崭新的纪元。

金箔实验使卢瑟福建立了原子核存在的理论。大部分阿尔法粒子穿过了金箔，但有一些却在此发生了偏转（见第76页）。

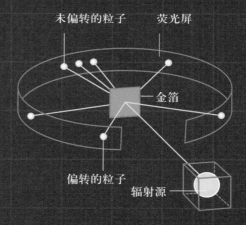

未偏转的粒子　荧光屏

金箔

偏转的粒子

辐射源

美国、英国和新西兰都有以他命名的街道。

他一直都是一部重要戏剧作品的主角。这样的例子不胜枚举……

他的形象出现在新西兰的100元钞票上。

亚原子领域

J.J.汤姆森于1897年发现电子，开启了一个充满可能性的、令人兴奋的新世界。不久，人们就清楚地认识到原子中还隐藏着其他尚未发现的粒子。很快物理学家们就开始对原子的真实样貌建立理论，同时具有独创性的新实验预示着原子拼图中的更多碎片将得以发现。

梅子布丁与轨道电子

第一个可行的原子模型是汤姆森的"梅子布丁"模型，他在脑海中为原子绘制了一幅有趣的画面：一个原子就像一个带正电的物质组成的布丁，而带负电的电子就像小梅子一样散落在其中。

1909年，欧内斯特·卢瑟福主持进行了一个著名的实验，对梅子布丁模型进行了检验。他向一张很薄的金箔发射阿尔法粒子（一种自然发生的辐射）（见第75页）。如果梅子布丁模型是正确的，那么原子内的电荷会使很多穿过其中的粒子轻微地改变轨迹。

但是这并没有发生。大部分穿过金箔的阿尔法粒子对金箔视若无物，而一小部分却偏转了很大的角度，就像碰撞到固体表面而被弹开了一样。

卢瑟福意识到梅子布丁模型无法解释这一现象，他于1911年提出了一个新的改进原子模型。在卢瑟福模型中，他假设带负电的电子绕微小的、带正电荷且非常致密的中心"原子核"进行轨道运行，就像行星围绕太阳运行一样。虽然这一模型可能并不完全准确，后来证明它可以有效解释原子结构的某些基本特征。

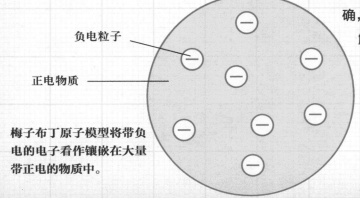

负电粒子

正电物质

梅子布丁原子模型将带负电的电子看作镶嵌在大量带正电的物质中。

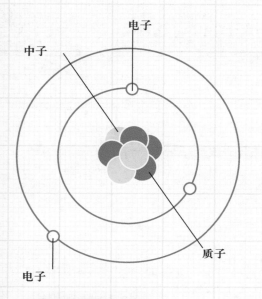

电子

中子

质子

电子

原子核里有什么

　　原子核是由什么组成的呢？卢瑟福知道不论是什么，一定带有正电荷，而且非常致密，但还有很多需要解释。1918 年，他进行了另一个实验，用阿尔法粒子轰击氮气，引起了氢的激增。他正确推断出氢原子来自于氮原子内部，这就意味着所有原子中都有可分割的成分，因此可以从一种较重的元素中"除去"一种较轻的元素。这种较轻的粒子就是质子，它单独组成一个氢原子的原

　　"太阳系"原子模型是建立今天的模型的重要一步，电子绕着一个坚硬致密的核运行。这个核由质子和中子组成。

子核。人们认为原子核中质子所带的正电与电子相对应，从而组成了一个中性的原子。

中子

　　1932 年，卢瑟福的学生詹姆斯·查德威克对一种困扰物理学家多年的新辐射进行了一系列试验后发现了中子。查德威克用阿尔法粒子轰击铍样品，使其发射出这种神秘的辐射。该辐射撞击一种丰质子表面，会使一些质子放电。查德威克知道该辐射是中性的，因此它的质量必须稍微重一些才能使像质子这样重的粒子放电。这种辐射就是由中子组成的。

　　查德威克由于其在完成基本原子模型上的成就，于 1935 年获得了诺贝尔奖。

　　大部分穿过金箔的阿尔法粒子对金箔视若无物，而一小部分却偏转了很大的角度，就像碰撞到固体表面而被弹开了一样。

玛丽·居里

作为男性占优势的领域中的一位女科学家，玛丽·居里的一生都是世所罕见的。居里如此杰出，以至于她罕有地获得了不止一项而是两项诺贝尔奖，分别是物理学奖与化学奖。他与丈夫皮埃尔一起促进了原子物理学领域的发展，如今这一领域的许多谜题仍然有待探索。

获奖团队

玛丽亚·斯克沃多夫斯卡于1867年出生在波兰华沙，这位后来成为玛丽·居里的女士是一名学校教师的女儿。在接受父亲的基础教育之后，1891年玛丽亚到巴黎的索邦大学求学，在此她的物理学与数学成绩斐然。移居法国后几年内，她遇到并嫁给了物理学教授皮埃尔·居里。玛丽亚与皮埃尔·居里组成了为数不多的夫妻团队之一，并在物理学领域获得了卓越的成就。（另一个这样的诺贝尔奖获奖团队是居里的女儿伊伦与丈夫弗雷德里克·约里奥。）

玛丽·居里对亨利·贝克勒尔当时

大部分元素都具有某些屈服于放射性衰变的同位素，蓝色标出的是已知放射性最不稳定的元素，它们不存在任何稳定的同位素。

H																	He
Li	Be											B	C	N	O	F	Ne
Na	Mg											Al	Si	P	S	Cl	Ar
K	Ca	Sc	Ti	V	Cr	Mn	Fe	Co	Ni	Cu	Zn	Ga	Ge	As	Se	Br	Kr
Rb	Sr	Y	Zr	Nb	Mo	Tc	Ru	Rh	Pd	Ag	Cd	In	Sn	Sb	Te	I	Xe
Cs	Ba		Hf	Ta	W	Re	Os	Ir	Pt	Au	Hg	Ti	Pb	Bi	Po	At	Rn
Fr	Ra		Rf	Db	Sq	Bh	Hs	Mt	Ds	Rg							

	La	Ce	Pr	Nd	Pm	Sm	Eu	Gd	Tb	Dy	Ho	Er	Tm	Yb	Lu
	Ac	Th	Pa	U	Np	Pu	Am	Cm	Bk	Cf	Es	Fm	Md	No	Lr

新发现的放射性产生了兴趣。她开始利用最新的革命性技术（其中有些是由她的丈夫发明的）研究铀的辐射，很快皮埃尔就终止自己的研究，加入到妻子的工作中。

到1898年，居里夫妇宣布发现了两种新的元素——镭与钋（后者命名于玛丽的故乡波兰），而玛丽成为了第一个使用术语"放射性"的人。

皮埃尔不幸于1906年英年早逝之后，玛丽与伊伦继续推广镭的使用，以减轻第一次世界大战期间的痛苦。后来，玛丽在故乡华沙建立了一个放射性实验室，于1932开始运行。

不幸的是，玛丽为之奉献一生的放射性研究最终成为她死亡的原因。由于暴露于过量辐射，她于1934年在法国萨瓦省因恶性贫血去世。

克勒尔因为他们对放射性的研究一同获得了诺贝尔物理学奖。8年后（在皮埃尔去世后），玛丽第二次获得了诺贝尔奖，这一次是化学领域，为表彰她在放射性方面的研究工作。只有4个人两次获得过该奖项。

居里的遗产

居里夫妇第一个伟大的成就就是认识到沥青铀矿（一种天然产生的富铀放射性矿石）释放的辐射比铀金属本身还要强。他们由此发现了比铀的放射性更强的元素镭与钋。

玛丽·居里继续建立了分离足够多的铀的方法，用以对其性质进行完整的研究，包括对癌症病人治疗的好处。这成为了放射性的众多实际应用之一。

1903年，玛丽与皮埃尔·居里和贝

"生活中没有什么要恐惧的，只有需要理解的。我们理解得越多，恐惧就越少。"

——玛丽·居里

放射性

大多数人都听说过放射性。我们知道它很危险，因此或许最好避开它。我们知道原子弹与核电站会遗留放射性，因此它们备受争议。但放射性的科学原理是什么呢？对这一现象的研究已经进行了一个多世纪，但对原子自发分裂所释放出的这种强大而又神秘的力量，仍有很多有待了解。

早期研究

法国物理学家亨利·贝克勒尔痴迷于原子磷光（一种发光物质，尤其是在受到光照而受激之后会发出光芒）这一课题，对不同的磷光化合物进行了实验。

1896年，贝克勒尔在用一种含铀化合物硫酸铀钾进行实验的时候，注意到一件奇怪的事情。他发现这种化合物不受阳光照射也会"辐射"，在附近的照相底片上留下痕迹，即使将底片用不透明材料包裹起来也是一样。

化合物中释放出来的东西像X光（仅仅在1年前发现的一种高频电磁波）一样，会直接穿透不同的材料。产生这种辐射一定是这种化学化合物本身的性质。就这样，贝克勒尔发现了原子辐射。

此后玛丽·居里说明几种不同的化合物都具有放射性，而且它们似乎共同含有铀元素。她随后发现钍也具有放射性，并且又发现了两种新的放射性元素镭与钋。居里的研究工作使人们开始理解只有某几种最重的元素具放射性。

阿尔法、贝塔和伽马

接下来，欧内斯特·卢瑟福迈出了一大步。他在1898年注意到至少有两种不同的辐射，并以希腊字母表中的前两个字母将其命名为阿尔法与贝塔。卢瑟福认为阿尔法粒子是氢核，但后来的实验证明它其实是氦核。贝塔粒子是逃逸的电子。

第3种辐射由高能电磁波（光）组

在阿尔法衰变中，原子核释放出一个由两个质子和两个中子组成的阿尔法粒子。

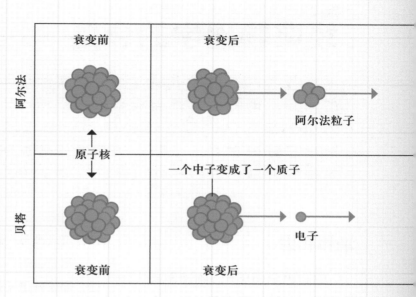

● 中子　　● 质子

在贝塔衰变中，一个电子从原子核中放出，使一个中子变为质子，并且改变了原子的化学组成，比如使碳变为氮。

成，它是由法国物理学家保罗·维拉德于1900年发现的，并被命名为伽马辐射。伽马辐射的波长非常短，因此可以穿透致密的材料。伽马射线比X射线强得多，甚至比阳光中灼伤皮肤的紫外线还要强。

自发的放射性衰变

　　这些最早的核物理学家注意到，元素进行放射性衰变似乎没有明显的原因。辐射粒子似乎往往会随机跳出原子核，因此对其进行测量或预测都很困难。经仔细研究后，人们开始明白只有

某些原子的某些同位素具放射性，它们被称为放射性核素。（同位素与元素的质子数相同，而中子数不同。）这些同位素具有放射性是因为质子与中子的组合使其不稳定。但当时还不清楚是什么将原子核结合在一起，现在我们已经很熟悉强大的核力了，它使原子核的各个成分之间产生极其强大的结合。然而，虽然质子与中子之间有如此强大的作用力，有时原子核的稳定状态也仅仅是摇摇欲坠。在较大的原子中，这种力不足以使所有粒子结合在一起。

经典物理学的衰落

最伟大的科学进展并不是在实验证明理论无比准确的时候出现的，而是当实验不再支持理论，我们被迫陷入强烈反思的时候。这正是19世纪末发生的事情，早期粒子物理学中一个引人注目的问题说明，我们对物理定律的理解也许并不像大多数科学家设想的那么好。

黑体辐射

到19世纪90年代，物理学家认为自己已经弄清楚所有事情了。但一些看起来无伤大雅的问题出现了，比如一块烧红的金属怎样符合经典物理学的规律呢？

像烧红的金属这样的物质，属于物理学家所说的"黑体"——一种材料，吸收碰到的所有电磁辐射（光）后不产生任何反射。虽然一块金属并不是理想的黑体，

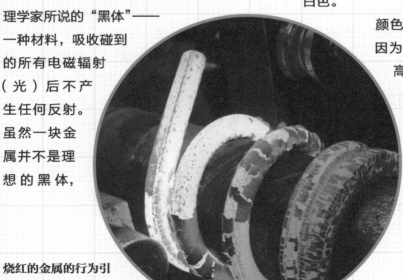

烧红的金属的行为引起了一场物理学的危机以及革命性的新的开始。

但也可以作为一个好的例子了。

尽管名叫黑体，但它并不总是黑色的，而这就是问题所在。就像一根伸进火焰中的黑色金属拨火棍，黑体的颜色取决于它的温度。在从火中吸收能量的过程中，随着温度的升高，它先会发出红色的光，然后是橙色，最后变成白色。

颜色发生了改变是因为随着温度的升高，黑体发出的电磁辐射的波长就会缩短（黑体吸收的热量以热辐射的形式

释放出来），从而转变为波长较短的可见光。到目前为止，一切都好。

紫外灾变

问题在于，经典力学定律规定，达到热力学平衡的黑体（也就是说吸收的能量与辐射的能量相等）应该能辐射出所有波长的能量。这就意味着如果一个黑体足够热，它释放的辐射就应该接近无穷。换句话说，一个发光体理论上可以释放出足够多的辐射能量，将所见之物全部摧毁。这显然不可能发生。要不然是黑体本身有错误（不太可能），要不然就是经典物理学错了（非常可能）。

对黑体实际释放的辐射进行测量之后，发现它并没有（如理论假设）在电磁波的紫外区域趋向于无穷，而是在临近波谱的可见光区域中间的位置达到峰值。这似乎完全不合逻辑，这一矛盾被称为"紫外灾变"。

普朗克的解答

最终对这个问题给出数学解答的是马克斯·普朗克。他推出一个看似简单的方程，称之为普朗克黑体辐射定律：

$$E = h\nu$$

E 表示黑体产生的热辐射，ν 是所释放电磁波的频率，而 h 是一个新的常数，被称为普朗克常数（估值非常小，约为

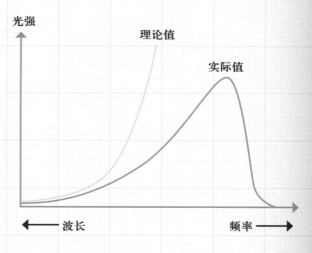

紫外灾变是实际与理论的不符：在经典物理学中黑体有可能释放无限多的能量，但据实际经验则不然。

6.626068×10^{-34} J·s）。就这样，一个相当简单的方程解决了 19 世纪末科学界面临的最大问题之一。

它的意义何在

普朗克常数表示辐射可能的最小单元，最终成为我们所知的光子——光的粒子。整个 19 世纪人们都认为光以波的形式传播。普朗克的理论显示，在这些波里，光确实是以粒子的形式存在的！普朗克将光进行了"量子化"，量子力学诞生了。

第5章

新物理学的诞生

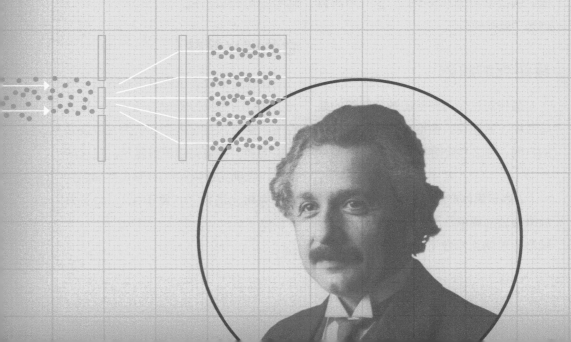

20世纪初，两个各不相同但同样具有革命性的科学领域——相对论与量子力学的发现颠覆了传统物理学研究。本章简单介绍了这两个令人兴奋的物理学分支，并且说明了它们对科学进一步发展的重要性。

马克思·普朗克

　　1900年12月14日，可以被视为量子力学的生日，虽然就连当时的人们（对其一定完全理解的非常聪明的科学家）都似乎完全没有印象。看起来他们并没有马上明白自己所见证的事情的重要性。在这个充满疑问的日子里，马克思·普朗克向法国物理学会递交了一篇论文，对黑体辐射的问题进行解答。他的论文中简单的公式改变了物理学界。

普朗克的一生

　　马克思·普朗克于1858年出生在德国基尔，他的父亲是一名法学教授。1867年，一家人移居到慕尼黑，在这里普朗克进入了一所当地的学校，开始学习基本的数学、天文学与力学知识。普朗克在很多领域都有天赋（他也是一个有才能的音乐家），他最终选择到慕尼黑大学学习物理学，后来又进入了柏林大学。普朗克在前者接受了大部分正式的物理学训练，在后者师从物理学家赫尔曼·冯·亥姆霍兹，对热学理论产生了兴趣。这就成为他在19世纪后期的主要研究领域。

普朗克最伟大的成就

　　当普朗克终于给出了黑体问题可能的数学解答时，它非经典的性质非常出人意料，但并不是完全开创性的，物理学界只是不确定应该怎样利用它。这一理论在纸上运用得还好，但似乎忽略了某些之前人们认为理所当然的物理"真理"。它并没有依照当时在整个物理学界占统治地位的经典方程组。那么，普朗克发现了什么，它又为什么如此难以接受呢？

把光看成一种粒子

把光看成一种波

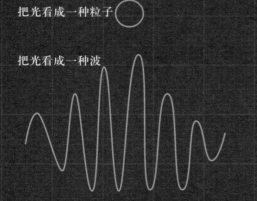

马克思·普朗克几乎无法相信自己的研究结果：光可以同时表现为一种波和一种粒子。

普朗克方程从纯数学的角度描述了黑体现象，但他没有给出任何物理解释。因此，普朗克的研究工作意味着什么并没有立即清晰起来。在弄清楚对这种特殊的光看似不连续的性质怎样进行计算才最好的时候，普朗克根本就没有开始解释黑体内部到底发生了什么，才使它这样发出辐射。当他确实试图解释的时候，只有一部分是正确的。

普朗克的怀疑

直到5年之后，一个年轻而又几乎完全不为人知的、名叫阿尔伯特·爱因斯坦的专利审查员（见第88～89页）的研究工作才使普朗克的理论获得了关注。爱因斯坦在看到普朗克方程的时候，将它应用到过去10年突然出现的另一个问题上，他的结论说明普朗克方程只能意味着：光表现为一种波，但同

> "科学发现与科学知识只能由那些不以任何实用目的进行追寻的人获得。"
> ——马克思·普朗克

时又分散为粒子，这种粒子后来被称为光子。

虽然普朗克从未完全接受他所促进建立的量子力学，不过他还是因为自己的努力在1921年获得了诺贝尔物理学奖。普朗克于1947年去世。

马克思·普朗克的13个同名研究中心（此处以黄色显示）和2个合作研究所（橙色）保留了他的遗产。

阿尔伯特·爱因斯坦

阿尔伯特·爱因斯坦相对论的两大理论（他将其称为"狭义"和"广义"理论）组成了20世纪科学最伟大的分支之一，并且促进了经典物理学与现代物理学之间差距的缩小。一个几乎无人知晓的德国研究者试图通过这两个理论取代艾萨克·牛顿，成为历史上最有影响力的物理学家。

青年爱因斯坦

1827年，阿尔伯特·爱因斯坦生于德国乌尔姆的一个犹太家庭。他虽然富有天赋，却没有立刻在学校出类拔萃。

爱因斯坦在青少年时期迷上了数学（尤其是几何），开始思索很多抽象问题，例如以光速运动会是什么样子。他自己的研究工作最终为这个问题提供了真正的答案。

爱因斯坦的政治

在一生的大部分时间中，爱因斯坦在政治上几乎和在科学上一样活跃。为了避免参军，他在17岁时宣布放弃德国公民身份，退学后与家人一起移居意大利。他在苏黎世联邦理工学院入学后，成为了一名瑞士公民。后来他回到德国，在柏林大学进行了几年的教学工作，然后于1933年移居美国，一部分原因是由于欧洲法西斯主义的崛起。

爱因斯坦长久以来都是一名和平捍卫者。在第二次世界大战中，他给卢瑟福总统写了一封著名的信，因为害怕德国人会抢先一步，他催促卢瑟福总统开始在建造核武器的道路上向前迈进。爱因斯坦对核武器发展的参与仅止于此，但这已经足以使他在日本受到原子弹袭击之后感到相当内疚。

爱因斯坦居住在新泽西州的普林斯顿（在此他执教于普林斯顿高等研究院），他拒绝了担任新国家以色列总统的邀请，并于几年后的1955年去世。

> "世界上最难以理解的事情就是它是可以理解的。"
>
> ——阿尔伯特·爱因斯坦

科学成就

除了相对论的两大理论，爱因斯坦还在量子力学（他因此获得了1921年的诺贝尔奖）、原子论和宇宙学方面做出了杰出的研究工作。

1905 年一般被称为爱因斯坦的"奇迹年"。在12个月的时间里，爱因斯坦（直到彼时科学界对他一无所知）共发表了4篇论文。其中一篇是关于原子论的，彻底论证了原子的存在，并且提出了原子尺寸的测量方法。另一篇是关于量子理论最重要的论

文之一。其他两篇为相对论的狭义理论奠定了基础。这些论文中的任何一篇都是革命性的，而4篇加起来就真像是奇迹了。

在生命的最后几十年中，爱因斯坦的工作集中在关于量子力学的争论上，并且尝试利用广义相对论理解宇宙本身的大小、形状以及行为。爱因斯坦希望这能引导他得到"万物理论"，从而解释物理学中所有有待了解的事物。当然，这一目标尚未达到。

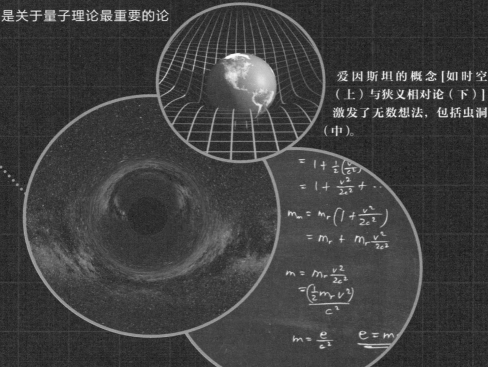

爱因斯坦的概念[如时空（上）与狭义相对论（下）]激发了无数想法，包括虫洞（中）。

狭义相对论

　　阿尔伯特·爱因斯坦在发表狭义相对论时抛弃了以往的规则。这个默默无闻的年轻人突然告诉世人，他们对光、运动、速度甚至时间的所有了解都是错的。虽然直到多年以后，其他物理学家才完全接受他宏大的理论，但狭义相对论将永远改变物理学研究以及我们对现实的感知。

基础

　　相对论的狭义理论建立在以下两个基础之上。

伽利略相对性

　　伽利略（见第34~35页）在300年前就提出了一个简单的原理：不存在"首选的"参考系。换句话说，运动的交通工具（如船、火车或航天器）中的物理定律与地面上的物理定律没有差别。

光速恒定

　　19世纪的物理学家说明了不论观察者以多快的速度移动，光速都是恒定的。爱因斯坦发现伽利略相对性的适用性仅仅是由于光速恒定。物理定律在任何移动或静止的参考系中都适用，因为光速不会相对于物体的运动而改变。

火车类比

　　在一辆运动的火车中，一个球落向地板。对火车上搭载的观察者来说，他会看到球直接向下落。但对火车外的观察者来说（如果他们能够透过车厢观看），球看起来是沿偏向火车运动方向的一条弯曲路径下落的。

　　问题在于：这两种观点（火车上的观察者还是陆地上的观察者）中的哪一

火车的运动方向 ⟶ ⟶

球在下落

观察者在火车上时，球似乎是以直线下落的。

种是正确的呢（或如爱因斯坦所说，哪一种是"最优"的呢）？

按照相对论的说法，这两种不同的视角是等价的，被称为"参考系"或"惯性系"。所有参考系都是等价的，但它们的相对运动会改变外部观察者对它们的观察方式。惯性系的等价性思想，是理解爱因斯坦狭义相对论的关键。

光速恒定

现在，我们必须将光速恒定的观点加入相对论概念。想象你和两个朋友正在用喷气背包在空间中赛跑。你们的运动速度不同，一个是30千米/小时，另一个是300千米/小时，而第三个是3000千米/小时。

在你们三个以不同的速度比赛的时候，一束光突然沿同一方向以光速从你们身边疾驰而过。如果你们三个都能够以某种方式相对于自己的速度测量光

> 在狭义相对论中，时间可以减慢和加快，物体可以伸展和收缩，一切事物都和表面上看起来的不一样。所有事物都是依赖于运动的。

速，你认为你们会发现什么呢？根据传统方法，你们一定会期望，为了获得光相对于自己的速度，你只要从光速（c）中减去自己的速度就可以，对吗？而如果光速恒定，就不是这样了。你们三个都会测得相同的光速值：300000千米/秒。

爱因斯坦的理论所做的就是将相对性的"基本理论"与光速恒定相结合。他的理论认为，伽利略的相对性理论不仅与运动有关，还与光速本身有关。如果光是绝对的，那么其他所有事物都是相对的，甚至包括对时间与空间的感知。在狭义相对论中，时间可以减慢和加快，物体可以伸展和收缩，一切事物都和表面上看起来的不一样。所有事物都是相对的，而这依赖于运动。

根据观察者是在火车上还是从外面向里面看，小球下落的轨迹看起来是不同的。

观察者在火车外时，球似乎是沿曲线下落的。

$$E=mc^2$$

　　这绝对是最著名的物理学方程，但是当阿尔伯特·爱因斯坦首次建立质量与能量等价的理论时，它仅仅是狭义相对论的一个注脚。它出现在爱因斯坦在1905年发表的4篇杰出论文中最短的一篇里，题目是《物体惯性和能量的关系》。爱因斯坦用短短几页的篇幅展示了这一公式的蓝图，为核动力学、高能粒子物理学以及我们对物质和能量几乎所有的理解铺平了道路。

质量与能量

　　在物理学中，质量衡量了物体对运动的抵抗能力。一个物体的质量决定了移动它的困难程度（这被称为惯性）以及它在重力场中的行为。重量衡量了重力对物体质量的作用。

　　另一方面，能量表面上看起来就是完全不同的事物了。质量是真实具体的，而能量更像一个概念。它通常被定义为"做功的能力"，虽然这个定义可能有点儿模糊，但它实际上相当准确。

　　那么，当爱因斯坦的论文题目提出问题"物体的惯性（质量）是否取决于其包含的能量"时，他本质上是在问，能否在质量与能量之间建立一种联系。

爱因斯坦方程

　　质量与能量是如何相互联系的呢？首先，它们都遵循守恒原理，也就是说它们都不能被创造或消失。虽然它们可以转化为不同的形式（质量可以从固态变为液态再到气态，而动能可以转化为势能、声音或热能），宇宙中的总量一直是不变的。爱因斯坦发现，它们还以更根本的方式相互联系。

　　据说，爱因斯坦一开始是观察了计算物体动能的方程：

$$E = \frac{1}{2}mv^2$$

　　这个已经出现了一段时间的方程清晰地显示，质量（m）与能量（E）之间

在核链式反应中，原子核分裂，释放出能量和更多的中子，这些中子会使其他原子分裂，从而释放出更多的能量与中子。

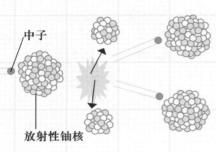

中子

放射性铀核

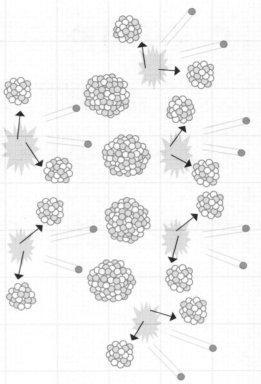

存在某种关系，而且它们的关系是由物体的速度（v）定义的。

爱因斯坦将它与其他已知方程相结合，进行了一点数学计算，就得到了下面这个方程：

$$E = mc^2 / \sqrt{1 - v^2/c^2}$$

实际上这就是爱因斯坦在论文中发表的方程。多数人熟悉的方程 $E=mc^2$，可以通过假设所讨论物体的速度（速率）为零而获得：

$$E = mc^2 / \sqrt{1 - 0}$$
$$E = mc^2$$

换汤不换药

该方程说明质量与能量不仅相似，而且它们就是同一种事物的不同形式。

质量可以转化为能量，能量也能转化为质量。该方程进一步说明，微小的质量就能转化为很大的能量（等于质量乘以光速的平方），而很大的能量只能转化为很小的质量。如今 $E=mc^2$ 依然推动着实验物理学与理论物理学的发展。

最终有可能真的利用放射性元素将普通的物质转化为纯粹的、强大的能量，结果就是原子弹，然后就是核能。但更有意思的可能是这个概念：一切物质（你、我、一块石头、一把椅子）都由纯粹的、强大的能量组成。你我就像会呼吸的活核反应堆一样！

广义相对论

爱因斯坦狭义相对论的"狭义"在于，它只考虑了某些非常特殊的情况，其中物体沿完全呈直线的轨迹运动，并且速度恒定。在1905年之后的整整10年内，爱因斯坦都在寻求将他的理论扩展至不仅包括这些特殊的情景，而且适用于一切物体。结果就是他的广义相对论，向世人提供了万有引力的全新定义。

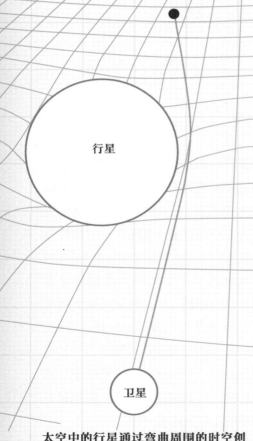

行星

卫星

太空中的行星通过弯曲周围的时空创造了万有引力，使其卫星的轨迹发生弯曲。这就是解释轨道运行的第一步。

愉快的思考

1907年，爱因斯坦进行了自称"我人生最愉快的思考"。他想象到，一个人乘坐飞船在太空中加速，应该能感受到加速力的推动。这种感觉和在地球上被万有引力向地面吸引的感觉应该完全一样。换句话说，不可能区分运动和引力。这个概念被称为等效原理。

在此后的10年中，爱因斯坦扩展了这一原理，确定万有引力一定是由加速度以某种方式导致的，就好像我们在持续向地球表面"下落"一样。

扭曲的空间

爱因斯坦利用数学的一个分支——非欧几何学建立了一个理论，其中空间与时间都不是平坦的。相反地，空间与时间都由于质量的存在而产生了扭曲。

　　一种比较好的思考方式就是，想象蹦床上有一个保龄球的画面。把球放在有弹性的表面上会造成凹陷。在广义相对论中，当一个巨大的物体（比如地球、月球或太阳）处于时空"织物"中时，也会发生同样的事。空间与时间一定会在它周围"弯曲"，因此它就在宇宙的维度中造成了一个凹陷。物体的质量越大，凹陷就越大，物体的存在影响的范围就越大。

　　如果一个质量较小的球滚向保龄球，它的轨迹就会被质量较大的球造成的凹陷改变。这就是月球绕地球转动的原理。

穿过弯曲时空的直线

　　广义相对论中一个令人惊讶的元素在于，物体在困于引力场中时不会真的转弯。一个像月球一样的物体看起来沿环形轨道运动，但它实际上是在沿直线运动。弯曲的不是月球的轨迹，而是时空本身！这其实没有看起来那么奇怪。毕竟我们就生活在地球的弯曲表面上。两点之间的最短距离不是直线，而是沿地球曲率的曲线。弯曲空间内两点之间的最短距离称为"测地线"。在爱因斯坦的理论中，宇宙里的一切运动都能用一种新的几何学进行计算，这种几何描述了时空的曲率，以及物体通过这种曲率的测地线轨迹。

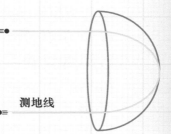

测地线描述了粒子沿时空曲率（在此沿黄色轨迹）的运动。

测地线

空间、时间与引力

　　在广义相对论中，我们必须涉及空间与时间都具有的"可弯曲"性质。在狭义相对论中，一个物体的速度可以改变对距离的感知和时间的推移，广义相对论中的引力也是如此。爱因斯坦预测到（同时实验也显示）引力的影响使时间与空间产生膨胀（伸长）效应，这与狭义相对论中运动的影响完全相同。

　　这两大理论实际上并没有那么不同，它们都涉及运动与时空，只是条件略有不同。

相对论的应用

相对论的广义理论被广泛认为是爱因斯坦在物理学领域中最伟大的成就。他已经就弯曲时空理论撰写了关于引力的著作，颠覆了牛顿最伟大的发现，而且为世界提供了以复杂的数学形式利用这些原理的工具。现在我们要做的就是说明他的理论的正确性，然后利用它更多地了解宇宙。

检验相对论

为了使实验物理学家尝试验证爱因斯坦激进的新理论，他提出了几种方法。

第一种，可能也是其中最有名一种的方法就是验证引力使光弯曲的能力。根据爱因斯坦的弯曲时空理论，光线在经过一个巨大物体附近的时候，轨迹会有轻微的改变（物体越大，改变就越明显）。

1919年，亚瑟·爱丁顿在一次日食期间成功观测到通过太阳附近的星光，这支持了爱因斯坦的理论。对这一理论进行的第二个验证实验考虑了水星轨道的不规则性，这已经困扰了天文学家几个世纪。牛顿方程不能解释太阳附近发生的剧烈时空弯曲。爱因斯坦将自己的方程应用于这一问题后意识到，广义相对论对这一谜题给出了简洁的解答：水星是唯一一个离太阳足够近的行星，弯曲对它的影响是可见的。

因此，广义相对论不仅能够解释已知的现象，还能够提前解决无法解释的科学事件。

膨胀的宇宙

爱因斯坦在建立广义相对论后的几十年中，大部分时间都在尝试用它理解宇宙的行为。他并没有立即获得成功，因为他坚信宇宙

星星

太阳

地球

光线穿过一颗恒星周围的弯曲时空时，轨迹发生了弯曲，这就证明引力会对光产生影响。

既没有在膨胀也没有在收缩。当他弄清楚宇宙是在膨胀时，将其称为"我一生最大的错误"。

从那以后，广义相对论就为科学家们提供了看待宇宙的全新方式，并且导致了全新的科学分支的出现。如果没有这一理论，这些分支根本就没有意义。

相对论与GPS

广义相对论的应用之一确实在日常生活中发挥着作用，那就是全球定位系统。这是一个不停地绕地球转动的卫星网络，时刻告诉我们在地球上的精确位置。如果没有对广义（和狭义）相对论的理解，这就不可能实现。相对论使我们能够精确同步所有这些卫星的时间与位置，否则弯曲时空对时间与距离的作用会使整个系统不起作用。

虫洞

有些物理学家得出了这样的结论：时空弯曲的本质实际上会使现在只属于科幻小说的事情在未来成为可能。如果时空的弯曲足够剧烈，使遥远的两点相互靠近（想象将一张纸折起来，使它的两端几乎相触），也许就有可能在遥远的两点之间找到一个"虫洞"。这就有可能使我们能够从宇宙的一个地方瞬间移动到另一个地方，甚至穿越时间。不过别屏住呼吸，这个想法尚且只存在于非常具有创造性的物理学家的头脑中。

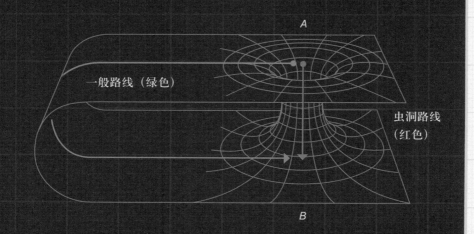

A

一般路线（绿色）

虫洞路线
（红色）

B

量子革命

被称为量子力学的理论家族，如今真的已经成为几乎所有物理分支的基本原理。这些理论涉及的物质世界的成分都太小了（除了几个例外），就连最好的显微镜也看不到。人们已经以惊人的准确度建立了许多理论，来描述这些人类已知的最小的粒子。

这个理论为什么重要

不论是理论物理学还是实验物理学，几乎所有的现代物理学都建立在开始于20世纪前叶的概念之上，提出这些概念的都是最早的粒子物理学家。他们都是影响巨大的思想家，如马克斯·普朗克、尼尔斯·玻尔、维尔纳·海森堡、保罗·狄拉克、路易·德布罗意以及埃尔温·薛定谔。

我们从此类研究中获得了什么？对于宇宙我们现在都了解什么？我们对粒子的运动与相互作用的预测有多好？奇怪的是，从某种程度上来说，量子力学的出现使我们对运动与相互作用的预测能力下降了。量子力学不涉及单个粒子的行为，而是注重概率与统计。在量子力学中，我们只能研究一个粒子（或一组粒子）可能的行为，并尽可能准确地计算它们这种行为的可能性。

量子力学告诉我们，所有事物都有永远无法克服的潜在"不可知性"。但这些理论已经将我们引向对于物质的宇宙尚未达到的最深层的理解。

"如果有人没有被量子力学所震惊的话，那么他就没有理解它。"
——尼尔斯·玻尔

基本原理

量子力学虽然复杂，但还是基于以下几个关键的概念。

量子化

如果能将某个物体分裂为有限的、离散的量（例如光子，或者像电子或质子这样的单个粒子），就称为使其"量子化"了。在量子力学中对所有事物，就连对力本身，最好的理解都是单个粒子之间一系列的相互作用。

波粒二象性

艾萨克·牛顿推理得出光是由粒子组成的。19世纪，托马斯·杨推翻了牛顿的理论，他认为光是由波组成的。随着量子力学的出现以及马克思·普朗克研究工作的进行，人们开始明白光同时由两者组成。20年后，物理学家开始意识到，一切粒子的行为都具有"波"的性质。但是根据量子力学，这些波并不是真的物质波，而是概率波，这一概念定义了在任意给定时刻找到每个量子（光子）的可能性。

海森堡不确定性原理

该原理定义了如下的概念：不可能将一个量子同时作为粒子与波进行观察。换句话说，不可能同时获得波的性质（决定了粒子的动量）与粒子的性质（决定了它的准确位置）。可以对一个粒子的位置或动量进行测量，但两者不可能同时进行测量。因此，永远也无法完全定义一个量子——这就是不确定性。

即使对物理学家来说，量子力学依然是一门困难的学科。我们对物质宇宙的了解是受到限制的，这一概念不仅仅是哲学与玄学难题的开始，而且这些难题已经使像马克思·普朗克和阿尔伯特·爱因斯坦（这些理论的创始人中的两位）这样如此杰出的物理学家都因难以置信而退缩了。

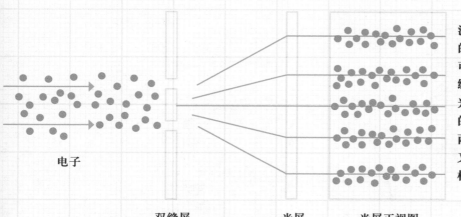

电子

双缝屏　　光屏　　光屏正视图

波粒二象性的最佳示范可能就是双缝实验了，光束中独立的光子穿过两条缝，却又像波一样相互干涉。

第 **6** 章

量子力学

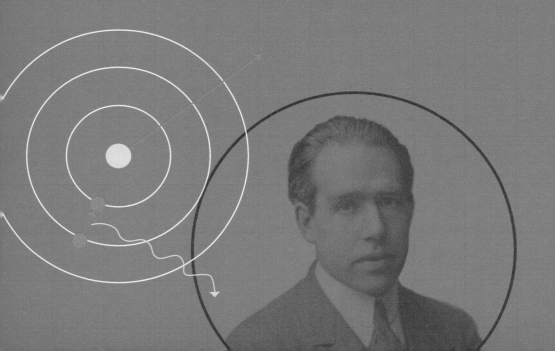

量子物理为科学史上一些最重要的发现奠定了基础。虽然它如今已经存在了一个多世纪，却依然继续主导着物理学家的思想。本章关注了诸如海森堡不确定性原理、反物质等看似矛盾的量子力学概念，以及将这些理论投入实际应用的方法。

尼尔斯·玻尔

尼尔斯·玻尔成为了他家乡丹麦的传奇，他是丹麦最重要的学者之一，也是自哈姆雷特之后最迷人的角色。他在20世纪20与30年代对量子力学神秘世界的宏伟阐述，以及同样伟大的公众形象，使他在全世界获得了极高的名望与极大的成功。但这是在世界开始接受非经典宇宙的事实多年以后的事情了。

哲学与物理学

玻尔于1885年出生在哥本哈根。他的父亲克里斯蒂安是哥本哈根大学的生理学教授（玻尔的名字来自一种医学现象，即玻尔效应），弟弟哈罗德是一名数学家。1903年，玻尔进入哥本哈根大学，最初学习的是哲学与数学。在为了检验表面张力的性质而进行了一系列获奖实验之后，他受到了鼓舞，转而学习物理学。1911年，他获得了博士学位并继续到英格兰进行研究，先是跟随剑桥大学三一学院的J.J.汤姆森学习，然后到曼彻斯特跟随欧内斯特·卢瑟福。

玻尔与玛格丽特·诺伦德结婚并生育了6个儿子，其中一个于1975年获得了诺贝尔物理学奖。20世纪20年代，玻

按照玻尔模型绘出的二氧化硅分子的一部分，显示一个硅原子与两个氧原子相结合。

尔成为了新生的量子理论在全世界的主要发言人。他为了捍卫这些思想与埃尔温·薛定谔和阿尔伯特·爱因斯坦这类人物辩论，从而促进了科学对话，并且鼓励了更多的人进行质疑与学习。

1992年，玻尔因为在建立新的原子模型方面的工作获得了诺贝尔奖。在第二次世界大战期间，他协助美国科学家进行原子弹项目研究。1962年，玻尔在哥本哈根去世。

最早的新一代

尼尔斯·玻尔最重要的科学工作开始于他与欧内斯特·卢瑟福的合作。跟随现代原子模型的发明者学习，使玻尔对于亚原子物理的世界有了独特的见解。他是最早的"量子一代"之一，这一代人出生于首次发现电子之后。

玻尔是第一个将量子力学应用于原子模型的人，他推理得出电子围绕原子核进行轨道运行的时候都被限制在特定的能级上，能级由电子吸收或释放光子而决定。此后，他激励了年轻一代的物理学家追寻量子力学原理，因此在引导海森堡提出著名的不确定性原理中发挥了不可或缺的作用。为了纪念玻尔在量子力学原理形成中进行的工作，对这一理论最普遍的解释以他的家乡命名为哥本哈根解释。

对这一门后来被称为量子力学的科学，尼尔斯·玻尔所做的工作也许比 20 世纪初任何物理学家都要多，因为他有勇气探索这个奇怪而又矛盾的新世界。

> "我们必须明白，提起原子，只能以诗句来形容。"
>
> ——尼尔斯·玻尔

玻尔与爱因斯坦之争

整个 20 世纪 20、30 和 40 年代的大部分时间，玻尔参与了近代历史上最大的科学争论。当阿尔伯特·爱因斯坦表示不同意玻尔关于量子物理的有关观点时，几十年友好的辩论开始了。爱因斯坦建立了一系列著名的思维实验，希望以此质疑量子物理的基本原理。然而，爱因斯坦的质疑并没有削弱这一理论，反而激励玻尔与其他量子物理学家进一步澄清并巩固了他们的思想。这也正是科学辩论的真正目的。

尼尔斯·玻尔与阿尔伯特·爱因斯坦，拍摄于 1925 年左右。

量子原子

到目前为止，欧内斯特·卢瑟福已经为最终确定原子的组成做出了很大贡献。他推论出这些小块的物质组成了带正电荷的原子核，而带负电荷的电子绕其进行轨道运动。但仍有一些重要的问题有待物理学家解答。只有将卢瑟福与玻尔的工作相结合，利用一套称为量子物理的全新工具，才能最终解决这些问题，并且创建一个新的改进的原子模型。

能量问题

卢瑟福简单的"太阳系"原子模型到底出现了什么问题呢？也许最严重的问题就是电子的能量，而且在当时理解的物理定律下，原子肯定是不能成立的。

人们已经明白电子以不同的能级绕原子核进行轨道运动，而且要改变能级，它们就要吸收或者释放光子。如果一个光子与电子碰撞，电子就会吸收光子而增加能量，跳到原子周围更高的能级上。不过电子很快就会重新将能量释放出来，落回较低的能级。

这里的问题就在于，电子受到带正电荷的原子核的吸引，应该被拉向所需能量最少的状态，所以它应该持续释放能量，向原子核周围越来越小的轨道下落，直到二者相撞。而这一切应该会发生得很快。换句话说，这个原子模型具有高度的不稳定性。

玻尔的解答

对稳定原子模型的追寻使玻尔做出了对原子理论第一个伟大的贡献。他论证道，只要将早已得到广泛接受的普朗克-爱因斯坦量子思想用于解释电子的行为，就可以解决原子稳定性问题。

爱因斯坦已经说明，光只能以量子的形式（也就是单独的粒子）存在，而这一思想明显与原子结构有关。如果已知电子会吸收或释放光子，那么它只能以很特定的、量化的独立光子的方式进行。一个原子不能释放不完整的光子，因为这种东西根本不存在。

可以将这一原理简单地总结为：由于电子只能以特定的量释放能量（由所释放的光子的频率决定，每个原子各不相同），一个电子的轨道只能存在于和原子核有特定距离的地方。每个元素轨道的精确尺寸（能量）都不同，因为吸引或排斥力会随原子核的大小而不同。

电子吸收或释放光子时，只能按照一个光子所含的能量改变轨道。玻尔利用对氢原子进行实验所得的数据发现，这种改变确实与普朗克常数表示的能量精确对应。普朗克常数定义了一个光子的大小（见第83页）。电子的轨道由光子所带的能量决定，因此直接服从于量子定律。

玻尔解释了电子与原子核不可能相撞的原因：电子只能以特定的能级运动，一旦达到了可能的最低能级（基态）就不可能再低了，除非释放一个"部分"光子，而这在量子学中是不可能的。一个新的原子模型成功创建出来了！

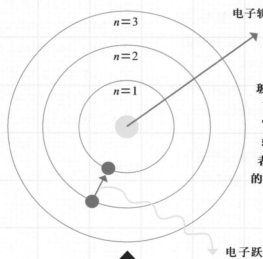

$n=3$

$n=2$

$n=1$

电子轨道能量增加

玻尔的原子模型解释了电子只能在特定的"壳"内绕原子核进行轨道运动，通过吸收或者释放光子能量在不同的"壳"之间移动。

电子跃迁到较低的能级时，会释放光子。

阳光照射在番茄上

番茄果皮上的原子释放的光子

当一个物体受到光照时，该物体上的原子会吸收能量而进入较高的能级。每一种原子会吸收与释放具有特定波长的光，而它所释放出的光的波长决定了我们看到的物体的颜色。

解释电子

　　虽然尼尔斯·玻尔应用量子物理的原理成功解决了原子结构迫在眉睫的问题，但此后的几十年中仍有其他问题有待解答。幸运的是，问题一经提出几乎立刻就得到了解答，因此物理学家得以对原子和亚原子粒子的组成有了更好的理解。

电子自旋

　　到20世纪20年代，人们利用"量子数"来解释电子的行为。一个原子中电子的轨道由3个方面的变量进行定义。当时人们认为，给出每个变量的值，就可以完整解释任一给定的电子。

　　此外，知道了一种给定元素价电子（最外层）的一组准确数值，就可以确定它所有的化学性质。然而，人们很快意识到仅仅用3个数定义一个电子，是不能解释所有事情的。要解决这个问题，只能寻找第4个量子数。这个数最

早由物理学家拉尔夫·克罗尼格于1924年进行了描述，被开玩笑地称为"自旋"。现在我们知道了，所有电子（以及其他粒子）都具有两种自旋中的一种：自旋向上与自旋向下。

　　电子的自旋是粒子内禀角动量的衡量。内禀角动量是电子本身的性质，因为无法用任何类比完全表现出来，所以很难对其进行解释。我们只知道这一性质的存在，而且没有它，就没有希望完全理解电子。

可以看到电子以两个方向之一进行自旋：向上或向下。

不相容原理

将此加入量子数的行列，物理学家就可以开始解答从1913年就已经提出的问题了：原子每个能级上的电子数是由什么决定的？为什么每个轨道只能容纳特定数量的电子而不能再多呢？

1914年，英格兰物理学家亨利·莫斯莱用分光镜（一种装置，用于测量电子发出的光的颜色分布）测量原子中电子的结构时，发现电子只能以非常特别且可预测的方式进行排布，每一种元素都是独特的。

玻尔的原子模型引出了这些至关重要的见解，并且向理解电子在原子限制下的行为迈出了前几步，但与此同时，它对于进一步理解原子如此排布的原因没有什么贡献。

1925年，奥地利物理学家沃尔夫冈·泡利的研究工作终于给出了这一问题的答案。泡利不相容原理可以简单叙述为：两个粒子不能同时占据相同的量子态。将其应用于电子，就意味着一个原子中的两个粒子不能具有完全相同的量子数。如果一个原子中的同一个能级上有两个电子，它们的轨道形状或角速

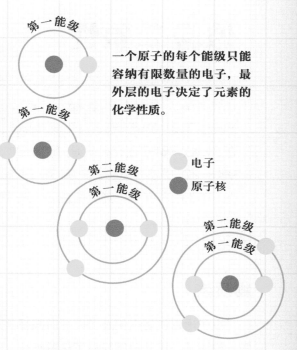

一个原子的每个能级只能容纳有限数量的电子，最外层的电子决定了元素的化学性质。

○ 电子
● 原子核

度方向就会不同。如果所有这些特征都相同，那么这两个电子的自旋数就一定不同。

现在人们普遍接受的物理事实为，一个原子中不同的能级能容纳特定数量的电子，直接原因就在于这些原子序数。不相容原理是亚原子粒子的基本性质，这一性质充分解释了元素周期表的原理以及化学物质。大部分的现代化学依赖于量子数。

波粒二象性

在最早的量子理论中，最好把光看作独立的粒子，同时这些粒子在某些实验中又明显表现出了波的行为。根据实验，这两种非常不同的形式都可以看作是有效的，那么到底应该是哪一个呢？虽然这有可能难以置信，20世纪20年代人们开始明白，光可以同时作为粒子与波存在。

物质波

量子理论说明电磁波可以同时被视为一种粒子，这就突然模糊了这两种概念之间的界限。如果物质与波之间没有差别，那么传统思想中还有哪些是物理学家能够坚持的呢？两种事物之间的界限如何定义呢？

虽然这令人困惑，但量子理论中的一个事物似乎确实可以同时是这两种东西。

这个思路使法国物理学家路易·德布罗意推理出，不只是光，即使是物质本身也会同时表现出粒子与波的性质。德布罗意用数学方法弄清了多年来确定的电子轨道涉及的所有因素（它们的能量、动量及轨道形状），从而发现了一个新的电子理论，为泡利不相容原理模糊的内涵赋予了明确的物理意义。

德布罗意认识到，最通用的原子理论仍然根植于一种明显传统的观点，其中"强制"赋予电子一种先入为主的形象，认为它是围绕其他大球旋转的小球。他论证道，由于可以将电子看作是波，这样对原子进行解释就容易多了。

如果将电子看作波，那么每个电

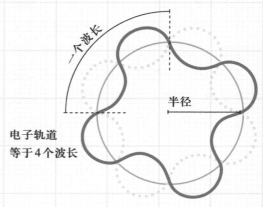

一个原子中电子的轨道取决于特定光的波长——轨道半径必须是光波长的整数倍。

子进行轨道运行时与原子核之间的距离就会与它的波长相符，而且只存在半径为波长整数倍的轨道。电子不可能占据任何其他轨道，因为在它（以光子的形式）得失能量量子时，波长只能相应地进行增减。这个新的模型很容易地解释了整个特定电子能级的概念。

一门新的力学

此时我们只需要一个与牛顿或麦克斯韦定律相似的新的力学系统，它适用于所有服从这种量子行为的粒子，而物理学家可以利用这些新的思路进行预测。

奥地利物理学家埃尔温·薛定谔与德布罗意大概同时开始了各自对粒子波动理论的研究工作，但直到一年后才发表。1926 年，薛定谔对迷人的波粒二象性理论做了进一步扩展。薛定谔方程主

什么波

也许薛定谔方程最重要的方面就是，它力图完全否定量子力学对象（例如光子、电子或任何其他的粒子）是真的物理对象。量子力学中的波不是物质波，而是纯概率波。这些波使我们能够测量在任何给定时间一个粒子处在特定位置的可能性。薛定谔方程无意中引出了一些关于物质真正组成的最困难的问题。

张，一切物质（不只是电子）都可以看作具有相关的波函数。这个意义深远的数学公式提供的一致方法，可以用来对任何量子系统在任何给定时间的状态进行完整的计算。

薛定谔方程可以看作20世纪物理学最重要的成就之一，它为20世纪20和30年代量子物理学家的争论提供了坚实的数学基础。这一方程使物理学家能够在研究原子世界时，对亚原子粒子的量子行为进行解释，并做出具有一定精度的预测。

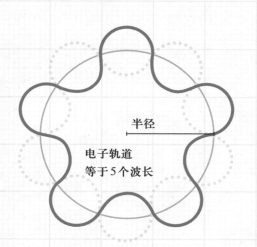

半径

电子轨道等于5个波长

维尔纳·海森堡

　　维尔纳·海森堡向物理世界引入了不确定性。虽然可能是无意识的，但他的工作协助确定了人类能知道与不能知道的极限。海森堡是一名杰出的量子物理学家，他辅助建立了量子力学的哥本哈根解释，而这至今仍在继续帮助物理学家定义量子物理的方法与意义。

神童

　　维尔纳·海森堡于1901年出生在德国维尔茨堡，父亲是奥古斯特·海森堡博士（慕尼黑大学的一名希腊语教授），母亲是安妮·维可莱。

　　海森堡小时候是一名神童，很小就精通钢琴，并受父亲的鼓励开始追求科学。少年时期，他就自学了微积分，并且专心致志地钻研物理学中的各种问题。

　　他在慕尼黑大学跟随著名的阿诺德·索末菲尔德，与沃尔夫冈·泡利一起学习理论物理。海森堡还游历到哥廷根跟随马克思·玻恩学习，后者对海森堡理论的建立给予了相当大的帮助。

　　海森堡于1923年在慕尼黑获得了哲学博士学位，并返回哥廷根给马克思·玻恩做助手。他还在20世纪20年代中期到哥本哈根与尼尔斯·玻尔一起工作。

矩阵力学与不确定性

　　1925年，海森堡开始建立一个全新且完整的量子力学系统，称之为"矩阵力学"。为了解决量子力学问题，该系统使用了相对陌生的矩阵数学。

1926年，海森堡与马克思·玻恩、帕斯库尔·约尔当一起发表了他的论文。第二年，这些新的计算方法引导海森堡取得了有可能最值得纪念的成就——海森堡不确定性原理（见第112~113页），这定义了人类对于量子认识的极限。同年，海森堡被任命为莱比锡大学物理系主任，直到第二次世界大战他一直担任该职务。20世纪30年代，他广泛游历，并在1932年因"创建量子力学"而获得了诺贝尔奖。

战争期间及之后

1941年，第二次世界大战全面展开，海森堡被柏林大学聘为物理学教授，并出任当地凯瑟·威廉物理研究所的主任。

虽然很多物理学家（尤其是具有犹太血统的科学家，如爱因斯坦与玻恩）或逃离德国，或被纳粹强制剥夺了职位，海森堡依然忠于自己的国家与纳粹党，这成为他人生中永远的污点。

关于海森堡在战争期间所做的工作争论颇多，尤其是涉及纳粹的原子弹项目。海森堡声称他已经积极拖延了该项目。

盟军胜利后，海森堡被捕，并与其他德国科学家一起被带到了英格兰。他于1946年回到德国，并被任命为马克斯·普朗克物理学与天体物理学研究所主任。

在晚年生活中，海森堡在热核物理领域进行研究，并且投身于寻找基本粒子统一理论的重要任务，这项任务一直持续到今天。1976年，在很大程度上从战争以来恢复名誉之后，他以74岁高龄因癌症去世。

1937年，物理学家参加在哥本哈根举行的一次会议。前排从左开始分别是玻尔、海森堡与泡利。

"我们观察到的并不是自然本身，而是我们的质疑方法所揭露的自然。"

——维尔纳·海森堡

海森堡不确定性原理

认识论是对于知识的研究。它是对于诸如"知识的本质是什么"和"人类能够了解多少"这类问题的答案进行的广泛而开放性的研究。人类一直相信自己有能力了解一切。海森堡不确定性原理迫使我们提出一个似乎更偏向于哲学而非科学的问题："我们能够知道什么？"答案很简单，也很令人不安："远不如我们所想的那么多。"

原理的表述

维尔纳·海森堡是第一个告诉世人确定性（遵循完全一致定律的可预测的宇宙）不存在的人。在量子力学中，有些事情我们就是不可能知道，因为任何事都是不确定的。海森堡最终的成就在于他辅助创建的数学方法。利用这一工具，就可以不依靠过时的经典力学方程，建立解决量子问题的一致方法。

互补原理

不确定性原理基于尼尔斯·玻尔建立的互补性原理概念。互补性原理主张粒子特定的可测性质成对出现。这些性质彻底地相互纠缠，以至于测量其中一个性质就会直接影响对另一个的测量。

对此原理的运用最常引用的例子就是对于任一给定粒子，同时测量其位置与动量的问题：根据不确定性原理，不能同时获得两个互补的性质。我们可以知道其中一个性质，但不可能同时对两者达到准确测量。我们可以确定一个电子在哪里（它的位置），但不能了解它的速度（动量），反之亦然。

这一原理是波粒二象性的必然结果。一个电子可以作为波或粒子存在，但不可能同时作为二者存在。研究者设计了一些实验，将电子作为粒子进行研究，而在另一些实验中将其作为一种波，但是所有实验都不能将一个电子同时看作粒子与波。当我们试图确定一个电子的位置时，我们将其看作粒子（因为无法轻易将波与一个单独的位置相关联），而动量是对运动电子（作为波）的衡量。它无法同时以两种形式存在。

一反过去

不确定性原理并没有立刻在科学群体中得以接受，比如爱因斯坦就从未完全接受。

但海森堡一反过去，为量子力学提供了一个革命性的版本。这使他能够解决由于对波与物质之间关系的深入理解而复杂化的问题。

海森堡的量子力学理论很复杂，因

> 海森堡的工作使我们更好地理解了量子的行为，而且确定性彻底不存在。

为它不遵循之前非粒子即波的力学解释。最重要的是，它否定了在电子绕原子核进行轨道运动时，能够对其位置这类性质进行精确计算，而是提供了根据波形给出电子位置范围的近似方法。

不确定性的哲学

不确定性原理几十年来引出了大量的哲学问题，这些问题都关系到量子力学真正的意义。即使尼尔斯·玻尔这样的物理学家提出的问题都确实很吸引人：如果某种东西可以同时是一种粒子和一种波，那它真的能存在吗？如果一个粒子的存在取决于我们的测量，那最初这个粒子真的存在，还是我们通过测量使它存在呢？物质的存在需要什么样的意识呢？当然除此之外，还有很多问题都是直接起源于不确定性原理。

保罗·狄拉克

很少有物理学家像保罗·狄拉克一样戏剧性地塑造了我们看待亚原子世界的方式。虽然很多涉及狄拉克的故事都集中于他怪癖的性格（绝对有很多），但他对于物理研究的贡献使人们最终理解了电子（以及一切其他的粒子）是量子实体，并且促进了预测以及最终发现反物质。

保罗·狄拉克的教育经历

保罗·狄拉克于 1902 年出生在英格兰的布里斯托尔。他的父亲是瑞士人，母亲是英格兰人。早在小学时期，他就展现出了杰出的数学才能。他在布里斯托尔大学学习了电机工程，这一背景使他后来看待世界具有了独特的视角，也影响了他进行物理研究的方法。狄拉克于 1921 年获得了工学学位，但是没能找到这一领域的长期职位。出于对数学的热爱，他于 1923 年进入了剑桥大学。

在这里，狄拉克对新提出的相对论产生了兴趣，开始担任一名研究助理，并且立刻证明了自己在研究与理论方面都具有超常的能力。他首次对量子力学的大胆尝试是在 1925 年对海森堡不确定性原理的早期分析，他将其作为非交换代数（他对这一较罕为人知的数学领域进行了广泛研究）的示例。实质上，他是用数学语言重写了海森堡原理。这一研究工作使他在 1926 年获得了哲学博士学位，在此之后他到哥本哈根与尼尔

年轻的保罗·狄拉克在黑板前工作，正在尝试创建"美丽"的方程（见第 117 页）。

斯·玻尔一起工作，再后来到哥廷根与罗伯特·奥本海默和马克思·玻恩等人一起工作。

$$(i\Upsilon^{\mu}\partial_{\mu}-m)\psi = 0$$

狄拉克方程被铭刻在伦敦西敏寺的一块牌匾上。

反宇宙

1928 年，狄拉克进行了他最重要的工作，将相对论原理与量子力学相结合，从而创建了狄拉克方程。它成为了物理学家预测量子现象的价值不可估量的工具。狄拉克利用这一方程预测了一种新物质（一种与电子完全相同，而所带电荷相反的粒子）的存在。该物质后来被称为"正电子"。不顾同时代的人常常嘲笑存在"反粒子"这一奇怪的主张，狄拉克继续提出，不只是电子，所有粒子都有相对的"反"物质。

仅仅 4 年内就有人发现了第一个正电子，狄拉克在反物质方面的工作得到了证明，并且使他获得了 1933 年的诺贝尔奖。正电子的发现者卡尔·安德森因为自己的发现而在 1936 年获奖。

卢卡斯教授

1930 年，狄拉克被选举为皇家学会的会员。两年后，他被聘为剑桥大学的卢卡斯数学教授。

在剑桥任教期间，狄拉克稍稍转变了研究方向，发表了一些宇宙论主题的论文。在第二次世界大战期间的一段时间中，他进行了原子物理学研究，利用在布利斯通大学获得的工程技能，开发用于核武器与核能的铀分离方法。狄拉克职业生涯的晚期在美国度过。1984 年，他于佛罗里达州塔拉哈西去世。

▶ **关键词**

《量子力学原理》（1930 年）描述了狄拉克对量子力学的个人见解。此著作取代了当时所有的教材，并且如今依然被广泛地使用。

从 1979 年开始在物理、化学和数学领域授予狄拉克奖章。

"5997 狄拉克"是 1983 年发现的一颗小行星，为纪念保罗·狄拉克而命名。

反物质

　　1928年，保罗·狄拉克建立了狄拉克方程，这也是他对物理学最重要的贡献。这一方程不仅在量子物理对粒子（例如电子）行为的计算中起到了至关重要的作用，还引出了对反物质的预测。狄拉克向世界宣告，对每一个粒子都同时存在着一个"反粒子"。这一概念改变了物理学家对所有物质的观察方式。

大量的负能量

　　狄拉克向反物质的前行，开始于爱因斯坦著名的质能方程（$E=mc^2$）的一个版本。在方程（确定相对论能量-动量关系的方程）中必须包括动量的情况下，他以一个相对简单的公式作为开始：

$$E^2=m^2c^4+p^2c^2$$

　　狄拉克明白E的值既可能为正也可能为负，因此这一方程有两个同样可行的解。在数学中，这两个解的权重相等。在狄拉克之前人们就理解了这一情况，但这些负数解被简单地忽视了。（因为负能量能有什么意义呢？）可是狄拉克决定相信数学而不是实验数据，思索负数解可能意味着什么。

　　狄拉克的发现非常奇特。根据上述方程，一个原子中一定同时存在正能级（由正常电子占据）与负能级。这使他断言原子中和原子之间所有的"空白"空间根本不是空白的，其中充满了大量的负能量电子。

　　狄拉克继续深入，提出如果向这些负物质提供足够的能量（可以用爱因斯坦的原始方程计算所需能量），可以从

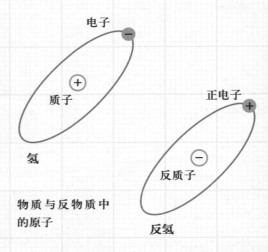

物质与反物质中的原子

负能量中产生一个负能量粒子（例如电子）。这一过程不仅会创造一个电子，还会在负能量场中留下一个电子大小的空穴。狄拉克提出，这个空穴对外界观察者来说表现为一个带负电荷的普通电子。

电子表现出负电荷

正电子表现出正电荷

早期云室中粒子留下的轨迹，显示出自然界中正电子存在的最早证据，它们展现出的行为与电子完全相反。

进入正电子

这种假设的粒子被称为正电子。最初狄拉克没有找到这一理论的物理正当性，他的理论基于他信任的数学。引述他的话来说："方程之美，比符合实验结果更为重要。"

1932年，卡尔·安德森首次发现现实存在的正电子的踪迹。狄拉克的方程在提出4年之后，终于得到了证明。

不过，正电子当然不是唯一的反粒子。狄拉克的理论适用于反物质的其他不论多大的组成部分，例如反质子与反中子。每一个粒子都有相对的反粒子，其中很多都在实验中得到了发现。

现在反物质似乎没有之前看起来那么奇特了。我们有理由相信，宇宙射线产生了大量不同的反粒子（不过这些粒子的寿命都极短），而且太阳中的核反应正在不断产生反中子与质子。

湮灭

反物质的存在提出了一个有趣而又重要的问题：如果它是自然界中产生的，为什么我们看不到更多的反物质呢？答案很简单，因为物质与反物质所带的电荷相反，当反物质产生时，它很快就受到物质的吸引。两种粒子相撞之后立即湮灭，转化为纯粹的能量。利用反物质产生能量的潜力也由此而来。

而复杂的答案要一直回溯到宇宙大爆炸，弄清楚为什么一开始物质比反物质要多。不过我们还没有完全解决这个问题。

概率与量子力学

量子力学清楚地说明一个粒子不能同时作为一种波和一种粒子存在，而且一个粒子可以同时具有类波与类粒子的性质。但这意味着什么呢？电子在原子中进行轨道运动时"展开"成为一种波，它到底发生了什么？粒子去哪儿了？这对于我们称为家园的物质世界又有什么意义呢？

概率波

记住了薛定谔波方程与不确定性原理（见第112~113页），我们就必须接受薛定谔描述的波并不是描述电子运动的物质波，而是波函数，它描述了给定时刻一个电子在给定位置的概率。我们说一个粒子以波的形式运动，意思是振荡概率波。如果要在一个给定时刻从波中选定一点，就可以利用薛定谔方程计算粒子在此位置的概率（即使在我们真正开始寻找这个粒子之前，它未必存在）。在概率波中寻找一个粒子的行为，通常称为"波方程坍缩"，因为找到粒子就会迫使一切概率都消失。

利用概率

那么，我们如何找到一种方法，利用量子力学这一看似令人沮丧的方面呢？答案就是不再寻找单个粒子的行为，而是从统计与概率方面，将问题看作一个整体。

一个常见的类比就是掷硬币。任意一次抛掷都有50%的概率猜对或猜错（正面和反面朝上的概率相等）。单

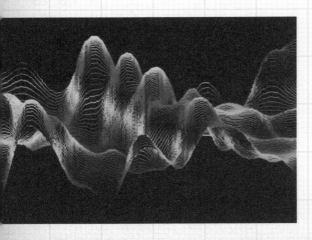

隧道扫描显微镜得到的图像，对原子结构进行了可视化显示。

独猜对每次抛掷的概率不太大，但如果掷100次硬币，猜大约50%会是正面，50%会是反面呢？从统计学上来讲，结果应该准确得多。那么，如果你决定掷100万次硬币呢？这是一个统计学的固定规则：样本数越大，准确性越高。同样的规则也适用于粒子。

因此，微观层面上不确定性的存在，不一定会使我们无法进行测量，或增强对粒子行为的理解。只是我们在这样做的时候不得不在统计意义上进行，不是针对单个粒子的行为，而是将系统作为一个整体。

接受了波粒二象性与不确定性原理的事实，人们在物理理论上获得了一些重大的进展，从20世纪40和50年代的量子电动力学原理，到正在进行的寻找支配一切事物的终极理论的努力。要进一步发展物理学，我们只能接受自身的局限性，并且学会将其作为优势而加以利用。

量子隧穿

将量子波看作仅仅是概率波，最不寻常的副作用之一就是，这使得粒子表现出一些非常奇特的行为。例如，如果概率波延伸超过"不可逾越的"势垒，粒子就有可能突然"跳"到势垒的另一边。这一现象称为"量子隧穿"。为防止仅仅将其记述为猜想，这一自然事实已经得到了非常详尽的记录，甚至已用于现代电路及扫描隧道显微镜等仪器中。

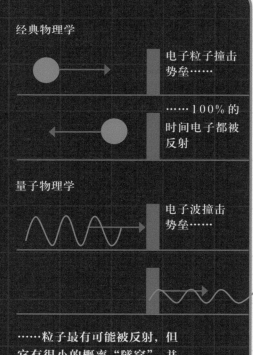

经典物理学

电子粒子撞击势垒……

……100%的时间电子都被反射

量子物理学

电子波撞击势垒……

……粒子最有可能被反射，但它有很小的概率"隧穿"，并同时在另一边重新出现。

实用量子力学

当然，量子力学很有趣，它所有奇异的主张描述的世界与我们自己的世界不同，但似乎又是真实的。但它是仅仅令人着迷还是也有实用的一面呢？研究量子力学除了满足我们对物质世界的好奇外，还有其他意义吗？实际上正如我们所知，量子力学很有可能对世界有着直接的影响。

理解的工具

由于所有事物都由原子组成并由力聚集在一起，受到力的作用，因此理解支配这些事物的原理，能使我们更好地理解周围的世界。不过不仅如此，理解量子力学如何对日常生活起作用，实际上可以帮助我们使一切变得更好！

每种包含现代电路的产品（似乎包括现在能找到的几乎所有产品）本质上都利用了量子力学，使用了半导体晶体管、二极管以及其他微型器件，这些装置都利用了量子化学和量子隧穿等原理。事实在于量子力学无处不在，而我们只是在学习怎样利用这些原理制造更好的产品。

学习量子物理的工具

量子力学帮助我们理解量子物理。我们对量子物理使用的很多研究工具，都是因为量子力学才成为了可能。

例如，扫描隧道显微镜利用电子的波长，使我们能看到即使最强大的光学显微镜也不可能看到的微小世界。在这项技术中，将一个金属针尖以无比的精确度定位在与所研究物质（通常是一种金属）相距微小距离（只有几埃，即几百亿分之一米）的位置。向针尖通电时，电子从电源中被吸引出来，并且能够通过真空隧穿到针尖。然后可以用计算机分析隧穿的图案，并将数据转化为观测对象原子结构的可视化再现。

这些显微镜除了给我们一些最早的真实原子的图像外，还使我们能够操纵单独的原子，将它们排列为特定的图案，这形成了纳米技术的开端。纳米技术是一个崭新的科学分支，能够研制出具有不可思议的强度的新材料，更不用提医学方面的重大进展了。

量子计算机

量子力学的进展已经引起了计算能力的持续提升，不过有一天可能会引起量子计算机的出现。

如今的计算机以比特（二进制单元）为信息单位，而量子计算机会使用量子位（量子二进制单元），有可能工作得更快，并储存多得多的信息。一比特只能为1或0，而一量子位可以处于同时为两种状态的"叠加态"。

人们已经预测到，即使是相对简单的量子计算机，也有可能比现在最先进的计算机的运行速度快几百万倍。现在我们所受到的阻碍就是人类所面临的最困难的工程挑战：精确操纵单独的量子，使它们在保持量子力学特征的同时，能够储存与处理大量信息。说起来容易做起来难啊！

薛定谔的猫

薛定谔为了展示量子理论的悖论本质，设计了一个著名的思维实验。不要在家尝试哦！

想象在一个密封的箱子中放进一只猫，以及一些在一个小时的时间内有50%可能衰变（释放一种粒子）的放射性元素。箱子里还有一台盖革计数器（一种探测放射性衰变的装置）和一瓶有毒气体。当盖革计数器探测到放射性粒子时，就会将毒气瓶打破。

一个小时后打开箱子，猫活着或死掉的概率都是50%。但没有人看到的时候，箱子里究竟发生了什么呢？根据量子理论的解释，猫应该既死了也活着，这两种状态在箱子打开之前同时存在。在量子力学中，不能相信推理与逻辑。

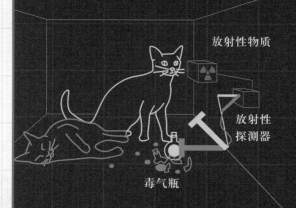

放射性物质

放射性探测器

毒气瓶

第7章

现代物理学

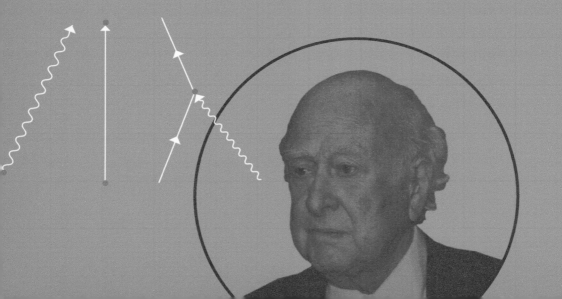

最后一章纵览当今物理学的状态。最令人兴奋的研究领域都有哪些？当前的物理研究是如何进行的？也许最重要的是，物理学未来将会把我们引向何方？本章解释了粒子物理学的现状，介绍了昂贵但非常重要的粒子加速器，调查了黑洞的秘密，并且一窥最具前景的理论。

理查德·费曼

　　理查德·费曼是20世纪物理学家中最有才华也最独特的人物之一。虽然他是诺贝尔奖获得者以及他那一代人中最出色的人物之一，但费曼更以他的智慧、好奇心以及冒险精神著称。不论是移居巴西学习邦戈鼓、到墨西哥学习翻译玛雅数学，还是第二次世界大战期间在洛斯阿拉莫斯核设施学会破译保险箱密码，费曼的冒险都是如此传奇。

成长到卓越

　　理查德·费曼于1918年出生在纽约皇后区，在他10岁的时候全家移居到纽约法洛克威。据他自己的说法，费曼受到他父亲很大的启发，对自然世界产生了好奇，这种好奇深深扎根于他的心里。1935年，他进入麻省理工学院学习，于1939年获得了数学专业的理学学士学位。直到那时，他才转向物理学研究。

　　费曼在普林斯顿大学进行研究生学习，在这里他第一次对保罗·狄拉克在量子力学方面的工作产生了兴趣，并且开始将他自己的一些原创思想应用于这些理论。在普林斯顿读博士期间，年仅23岁的费曼开始以完全的创新性方式思考电子与电磁相互作用的问题。这一工作就是对量子力学原创性的而又令人兴奋的解释，被称为量子电动力学（见第126~127页）。

　　另一个重要的发明就是费曼图。物理学家利用这种简单的方法将复杂的数学公式进行图像化表示，简化复杂的现象。1965费曼因为在量子电动力学方面的工作，与朱利安·施温格和日本物理学家朝永振一郎共同获得了诺贝尔奖。

第二次世界大战与曼哈顿计划

　　费曼受邀参与制造原子弹的竞赛，他搬到洛斯阿拉莫斯，加入到一些最伟大的物理学家的行列。

　　费曼在第一任妻子因肺结核去世时受到了短暂的打击，但他还是返回到工作中，见证了在新墨西哥州沙漠中进行的历史上第一次核爆炸试验。他还在花了一些时间对安保性能进行了测试——学习撬保险箱，这些保险箱保存着国家最重要的核秘密。

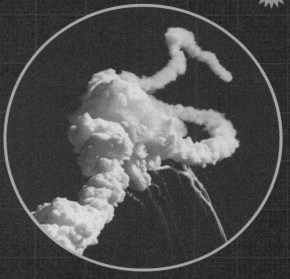

"挑战者号"航天飞机灾难，后续的调查使理查德·费曼出现在公众视线中。

晚年生活与工作

　　战后，费曼被聘为理论物理学教授，先是在康奈尔大学工作，后来在1950年到了加州理工学院，他在这里度过了余生。在到加州理工学院就职前，费曼在巴西休了10个月假，在这里他开始热心地学习演奏邦戈鼓。

　　费曼在加州理工学院从事量子电动力学研究的同时，还涉足了其他学科，例如部分子理论。加州理工学院的默里·盖尔曼教授后来据此提出，一些粒子是由更小的夸克（见第131页）组成的。1986年，费曼加入了"挑战者号"航天飞机灾难调查委员会，在电视上做展示航天飞机密封圈失效的直播。费曼于1988年因胃癌去世，享年69岁。

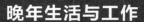

　　理查德·费曼也许是20世纪杰出科学家中最平易近人的一个了。他在一生中出版了很多著作，其中的几部普通读者也可以轻松地阅读。这些著作中的两部充满了幽默故事与科学趣闻。

　　《别闹了，费曼先生！一个好奇人物的冒险》（1985年）通过曼哈顿计划以及和伟人的会面，涵盖了从撬保险箱到巴西教育系统的许多主题。

　　《你管别人怎么想？一个好奇人物的继续冒险》（1988年）主要涉及他对"挑战者号"航天飞机灾难的调查，不过本书也有一些轻松的章节。

量子电动力学

理查德·费曼在《光和物质的奇妙理论》一书中描述了他最伟大的成果，即量子电动力学（QED）。它确实很奇妙，但它的准确性绝对盖过了奇妙性。很难过分强调QED是多么地包罗万象。宇宙中几乎所有可以观察到的事件，一定都在某种程度上遵循这些关于光和电子的定律。

QED 是什么

要开始理解QED这样影响深远的理论，必须接受哪些深奥而复杂的概念与定律呢？我们必须做出哪些新的学习壮举呢？事实上，QED仅仅包含以下3个简单的物理作用。

（1）一个电子四处运动。

（2）一个光子四处运动。

（3）一个电子吸收或释放一个光子。

真的只有这些了，只有这3步，没有引入本书之外任何人讨论过的特别新颖的想法。我们在宇宙中观察到的所有作用与反应，都可以某种方式简化为这3种初级作用，它们组成了QED的主干。

直到尝试将QED投入应用时，我们才意识到在解释物质世界及其最深层的奥秘时它的真正价值。

路径积分

如前文所述（但值得再说一次），量子电动力学帮助我们解释一切事物。

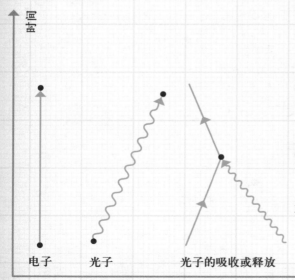

想知道光为什么会受到镜子的反射，为什么水中的物体看起来会有些扭曲，为什么天热的时候在路上会看到海市蜃楼，透镜是如何会聚光线的，原子如何利用电磁力相结合吗？答案就在 QED 以及之前列出的 3 个简单作用中。

QED 的价值与秘密都来自于涉及这些作用的一些非常奇特的问题。举例来说，当一个电子从一个位置运动到另一个位置时，我们一定会提出疑问，有没有什么特殊定律会阻止它选择除最直接路径外的其他路径呢？事实上并没有这样的定律。电子（或光子）可能会采用两地之间它所选择的任何路径，不论它看起来有多么古怪或不可能。

实际上，解决电子路径问题的唯一方法，就是考虑所有它有可能采取的路径。必须考虑每一个可能性，将单个概率加在一起才能从数学上解释实际观察的结果。电子（与光子）并不会总是沿直线运动，而是以奇怪的曲线路径漫步，同时释放与吸收光子，改变速度与方向。

只有将所有这些可能的路径加在一起（它们的数目实际上是无限的），我们才会发现耗时最短的路径（通常）就是观察到的路径。这种将所有可能性作为实际情况的方法被费曼称为路径积分法。

费曼图

费曼对科学特别是对 QED 最突出的贡献就是费曼图。该图的化简方法是，将标准的四维时空转化为较简单的二维图，其中的两个维度是空间与时间。这些图表帮助理论物理学家将特殊的作用与相互作用可视化，然后利用费曼建立的（并由其他人改进的）非常直观的数学技巧，计算这些事件的概率。虽然不可否认 QED 的数学非常难，但这些便于使用的小图表对医学的发展起到了很大的辅助作用。

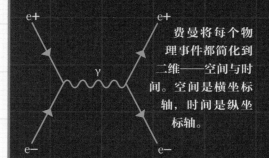

费曼将每个物理事件都简化到二维——空间与时间。空间是横坐标轴，时间是纵坐标轴。

粒子加速器

2009年，位于瑞士和法国边境地下175米的大型强子对撞机开始运行，这是历史上最大的粒子加速器，也的确是历史上建造的最大的科学仪器。这一成果为将近一个世纪的革新设备画上了圆满的句号，它带我们以从未想象过的、更深的层面理解了粒子世界。

粒子加速器的工作原理

爱因斯坦著名的方程 $E=mc^2$ 说明纯粹的能量理论上可以转化为物质。实验显示，有了足够的能量就可以创造任何粒子，能量越多，粒子越大。这一理论是一切粒子物理的基础。

任何一个物理学家要想找到一种粒子，只需要产生创造该粒子所需的能量。这就是粒子加速器的工作原理。它们使加速后的粒子相互撞击，产生出的能量就会创造第二代粒子。可以利用很多装置对其进行探测与分析，例如云室（一个加压腔室，可以对其中粒子的电离径迹拍照）、气泡室（其中的粒子会在一种液体中留下气泡痕迹）、更加先进的火花室，以及利用计算机辅助探测的比例线探测器。

最早的加速器

1912年，奥地利裔美国物理学家维克托·赫斯首次用热气球携带探测器，发现了宇宙射线。这些粒子射线从外太空的各个角落，以难以置信的高速向地球倾泻而来，来源包括太阳耀斑、遥远的超新星以及附近的恒星等。

宇宙射线的速度接近光速，它们撞击大气中的粒子，从而形成地球上能够探测到的二次粒子。局限在于，无法控制这些射线撞击的时间与地点。

人造加速器

第一台人造粒子加速器——回旋加速器是由加州大学伯克利分校的欧内斯特·劳伦斯在1929年发明的。这种粒子加速器会以高速发射一束粒子，使其与探测器内的其他粒子相撞。

如今，粒子加速器有两个标准类型：直线与回旋。直线加速器需要一束笔直运动的粒子，由经精确调整的电磁铁进行加速，将粒子以高速向探测器附近的其他粒子传送，用探测器对结果进行记录与分析。现在世界上最长的直线加速器是3.2千米长的斯坦福直线加速器中心，位于加利福尼亚的门洛帕克。

最大的回旋加速器是位于瑞士日内瓦附近的大型强子对撞机（LHC），于2008年竣工。这一雄心勃勃的项目是为了发现几种新的理论粒子，例如神出鬼没的希格斯玻色子（见第133页）。在回旋加速器中，粒子有可能永远在同一个系统中穿行，速度越来越接近光速，直到不再有足够的能量能使其继续加速。许多宇宙谜团的答案可能就在这些巨大的机器中，例如粒子为什么有质量，所有的粒子与力之间有怎样的关系，以及最初的宇宙是什么样子的。

医用加速器

如今仍然有一些医院在使用回旋加速器，这些机器中经过精确调整的粒子束常用于瞄准并破坏患者体内的癌组织。加速器也用于正电子发射断层扫描（PET），它利用正电子探测人体内的伽马射线，从而重建人体内部结构的三维图像。对现代医学来说，物理学在许多方面的贡献都是无价的。

一幅活人脑部的PET图像。此类图像在对癌症与脑部疾病的诊断中非常重要。

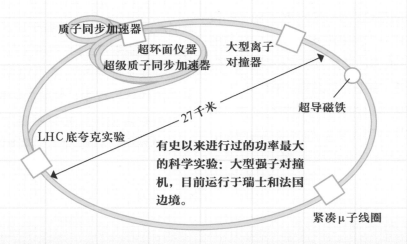

质子同步加速器
超环面仪器
超级质子同步加速器
大型离子对撞器
超导磁铁
27千米
LHC底夸克实验
紧凑μ子线圈

有史以来进行过的功率最大的科学实验：大型强子对撞机，目前运行于瑞士和法国边境。

粒子动物园

生物学中有一个重要的研究领域，被称为分类学（衍生自希腊语 *taxis*，意为"次序的定律"）。分类学家试图根据植物与动物不同的特征，将其分为不同的类别，如界、门、属和种。直到过去的半个世纪，物理学中才出现了非常相似的研究领域，我们可以简单地将其称为原子分类学——推动众多亚原子粒子的分类。

粒子物理学的光辉岁月

20世纪中间的几十年是物理学中已知最多产的时期之一。这一时期见证了粒子加速与探测这些越来越高效的方法的出现，以及更加复杂而意想不到的物理定律的发现。

年复一年，人们对几十种新的粒子进行了发现、分类、研究与思考。有时一种新的理论会引出对一种新粒子的搜索（比如1932年的正电子以及1947年的介子），而有时偶然发现了一种新粒子，又会使物理学家探究其理论解释。

粒子可以用多种方法进行分类（例如通过质量与电荷），如今最常用的方法是将其分为不同的3组：轻子、介子与重子。

轻子

轻子最初是指最轻的原子粒子（名称来源于希腊单词 *leptos*，意为"轻"），不过后来人们发现有些轻子根本就不是特别轻。如今我们认为存在6种轻子：电子、μ子、τ子、电子中微子、μ子中微子，以及τ子中微子。在这6种里，只有电子与电子中微子是宇宙中常见的，其他轻子（例如μ子与τ子，实质上就是很重的电子）是利用粒子加速器或由高速宇宙射线与地球大气碰撞而产生的。

中微子非常轻，不带电荷，出现于特殊的核过程中，例如放射性衰变。对其进行实验研究尤其困难，不过研究人员还是想办法找到了高明的追踪手段。

介子

下一个是介子（源于希腊语*mesos*，意为"中等"）。介子通常用于在其他粒子之间进行力的传递。介子包括 π 介子（在质子与中子间传递力的作用，使原子核结合在一起）、K 介子、J/ψ 介子，等等。物理学家已经发现了另外 20 多种介子，不过其中大多数的寿命都太短了，没有实际用途。

重子

最后一种粒子被称为重子（其名称在希腊语中意为"沉重"）。这个家族由熟悉的核素（质子与中子）以及一百多种较罕为人知、看起来无关紧要的粒子（与反粒子）组成，例如 Δ 粒子、Ξ 粒子、Λ 粒子、Σ 粒子与 Ω 粒子，其中每一种都包括一系列广泛的种类（Ξ 粒子包含至少 20 个种类）。

重子的数量可能表面上看似壮观，但我们可能会欣慰地发现，实际上其中只有几种（质子与中子）在日常生活中有实际的作用。其他种类的存在，似乎只是为我们的理论增加了美感。

夸克

20 世纪 60 年代末期，美国物理学家默里·盖尔曼发现其中两个粒子"家族"（介子与重子）实际上是由称为夸克的更小的粒子组成的。夸克只有 6 种（就像一共有 6 种轻子），分别为上夸克、下夸克、奇夸克、粲夸克、顶夸克以及底夸克。

所有介子都是由 2 个夸克组成的——1 个普通夸克与 1 个反夸克（已知夸克的反物质版本，就像所有其他已知粒子一样）。所有重子都是由 3 个普通夸克组成的。例如，1 个质子由 2 个上夸克和 1 个下夸克组成，而 1 个中子由 2 个下夸克和 1 个上夸克组成。

除了 6 种轻子和 6 种夸克之外，还有几种传力粒子（例如光子），所有这些粒子组成了完整的粒子动物园！

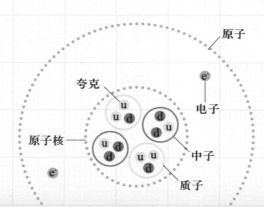

当前的原子模型，其中电子绕原子核进行轨道运动。原子核由质子和中子组成，而质子和中子由夸克组成。

标准模型

粒子物理的标准模型暂时是我们对宇宙中最小物质了解的顶点。在这一模型之下，我们成功地将物质宇宙中的所有事物都简化到了20多种粒子与4种基本作用力。虽然这一理论中还存在一些空白，但这个标准模型依然是所建立的最成功与最完整的物理模型。但一如既往地，未来是不确定的。

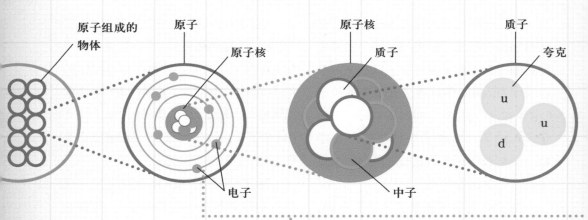

原子组成的物体

原子

原子核

电子

原子核

质子

中子

质子

夸克

u

u

d

粒子与力

在目前表述的标准模型中，共有17种粒子（若包括反粒子，则是29种）。这些粒子可以分为3组：轻子、夸克与规范玻色子。

这些粒子受到对页所述的4种力的作用：强核力、弱核力、电磁力以及万有引力。宇宙中所有的作用与互相作用都可以减至这4种力。

轻子

6种已知轻子包括普通电子及其更大的表亲（μ子与τ子）。其中每种都有一个相对的中微子：电子中微子、μ子中微子与τ子中微子。在标准模型中，其中每一对都属于特殊的"代"。一代轻子（质量最轻）是电子与电子中微子，μ子与μ子中微子是二代，而τ子与τ子中微子是三代（质量最重）。

- 电子
- μ子
- τ子
- 电子中微子
- μ子中微子
- τ子中微子

夸克

　　6种夸克根据不同的质量分为几代。一代夸克包括最常见的两种：上夸克与下夸克。二代包括奇夸克与粲夸克，而最后一代包括顶夸克与底夸克。涉及夸克的物理分支称为量子色动力学。

- 上夸克
- 下夸克
- 粲夸克
- 奇夸克
- 顶夸克
- 底夸克

夸克				玻色子（传力介质）
u 上夸克	c 粲夸克	t 顶夸克	γ 光子	
d 下夸克	s 奇夸克	b 底夸克	g 胶子	
ν_e 电子中微子	ν_μ μ子中微子	ν_τ τ子中微子	z 弱核力	
e 电子	μ μ子	τ τ子	w 弱核力	

轻子

规范玻色子

　　这是亚原子世界中的传力粒子。每种力都与它自己的规范玻色子相关联，可以在其他粒子之间交换，从而使其结合在一起（或将其分离）。光子传递电磁力，胶子传递强核力，而W与Z玻色子传递弱核力。人们认为希格斯玻色子为其他所有的粒子赋予了质量。2013年宣布发现了希格斯玻色子，并且希望能够尽快确认。可能还有更多的规范玻色子有待发现，包括传递万有引力的引力子。

- 光子
- 胶子
- W玻色子
- Z玻色子

作用力

强核力

　　这是基本力中最强的力，用于将原子核结合在一起。质子与中子中的夸克由其结合在一起，而质子与中子也是由此相互结合的。虽然核力的强度远超过我们日常体会到的任何力，但它的作用范围却很小，事实上只有原子核的大小。

电磁力

　　不论向哪里看，都存在这种力，当然它为我们提供了电力，但首先它也正是物质存在的原因。原子就是由这种力结合在一起的，从而组成了一切化合物与物质。我们都仅仅是由原子以电磁力结合在一起而组成的。因此，我们应该感激电磁力如此强大。

弱核力

　　它的目的不是将物体结合在一起，而是使其分离。这种力使原子不稳定，发生衰变，进而分离。弱核力使核武器与核能成为了可能，而更重要的是使太阳放射光芒。和强核力一样，弱核力只在原子核中很短的距离内起作用。它只比电磁力弱一点点。

万有引力

　　到目前为止，所有力中最弱的就是万有引力（强核力是其10^{39}倍），它的确是我们最熟悉的力。但它也可能是我们了解得最少的。人们已经证明了将重力纳入标准模型是非常困难的，因此它也是该模型仍然是半成品的原因。

黑洞

黑洞并不是非常新的科学概念，人们最早于18世纪就开始考虑黑洞存在的可能性。但直到20世纪下半叶，宇宙学家开始利用爱因斯坦广义相对论研究宇宙的细节，我们的理解才有了重大进展。

黑洞是什么

黑洞实际上不是洞，而是它的对立面。鉴于一个洞的定义是物质的缺失，黑洞却是质量非常密集的天体，如此巨大的重力吸引使任何物体甚至连光都不能以足够快的速度逃离它的束缚。黑洞就像是天文漩涡，会吸进一切靠近它的物体。

虽然使人们深入了解黑洞细节的是爱因斯坦在1915年进行的工作，但第一个从理论上深思有可能存在这种物体的人，应该是18世纪的牧师及地质学家约翰·米切尔。

根据他自己对逃逸速度（一个物体要克服重力所必须达到的速度）的理解，米切尔认为，如果一个物体具有足够大的质量（从而其逃逸速度大于光速），那么连光都无法具有足够大的速度而逃离这样的物体。这就是我们所称的黑洞。

米切尔从未真正推理出这样的物体确实存在，当时这只是一个有趣的想法。

> "黑洞是太空中引力极大的区域，以至于空间与时间的结构和出口一起都向自身弯曲。"
> ——美国天文学家尼尔·德格拉斯·泰森

如今的黑洞

广义相对论建立之后，黑洞的概念获得了全新的科学基础。基于爱因斯坦广为接受的引力理论（即时空弯曲），科学家就可以探索黑洞是如何由大型恒星坍塌形成的，以及这一过程会对附近的物体造成何种影响（人们认为这是他们能够探测黑洞的唯一方式）。20世

20年代，德国物理学家卡尔·史瓦西探索了黑洞背后的数学，建立了史瓦西半径，用一个相当简单的方程说明了黑洞是如何由质量改变直径的。

"黑洞"这个说法是由加州理工学院的物理学家约翰·惠勒在1967年提出的。在其他物理学家，如史蒂芬·霍金（见第136~137页）开始对这些独特的物体进行研究时，这个词很快就流行了起来。随着如今被称为霍金辐射的发现，霍金第一个认识到，黑洞并不完全是黑的。

虽然人们还未通过霍金辐射看到黑洞，但可以通过观察它们对其他天体（巨大的重力吸引，但中心似乎什么都没有，或者只有一个可见天体的双星系统）的影响，确认宇宙中黑洞的存在。

人们认为，宇宙中即使不是全部，也有很多星系的引力中心就是一个超大质量的黑洞。

创造黑洞

如今，粒子加速器已经足够强大，有可能在地球上产生微小的黑洞。据说这些微型黑洞与宇宙形成时就已经存在的黑洞很相似。它们在消失前只能持续极短的时间（它们通过释放霍金辐射而消散），因此物理学家只有片刻的时间探索它们的秘密。

虽然关于在地球上创造黑洞的智慧想法有一些争议，但就破解一些宇宙的基本奥秘来说，物理学家对此类探索有可能引向何方还是满怀激情的。

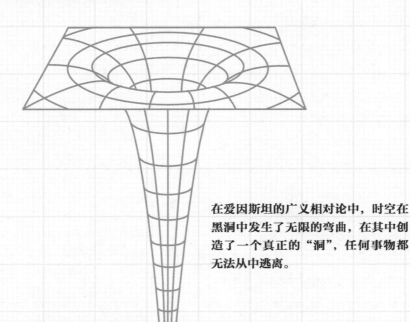

在爱因斯坦的广义相对论中，时空在黑洞中发生了无限的弯曲，在其中创造了一个真正的"洞"，任何事物都无法从中逃离。

史蒂芬·霍金

大多数人对霍金只了解几件事情：他是当今最杰出的科学家之一，他患有一种稀有而使人衰弱的疾病，以致只能在轮椅上生活，借助一台先进的计算机讲话。而人们一般不知道的是，他以自己的物理与数学知识和推进科学对话的渴望，对物理界做出了影响深远的贡献。霍金在激发大众对科学的兴趣方面起到了很大的作用。

个人悲剧

史蒂芬·霍金于 1942 年出生在英格兰的牛津。他的父亲鼓励他投身于科学研究。在了解生物学与医学之后，霍金决定从事数学与物理学研究。

1959 年，霍金获得了牛津大学的奖学金。他于 1962 年取得了物理专业的一等学位。此后，霍金进入了剑桥大学，学习广义相对论及宇宙论。

1963 年，霍金被诊断出患有肌萎缩侧索硬化症（ALS，或称为卢伽雷氏病）。这种疾病会侵袭运动神经，损害大脑与身体其他部分之间的沟通能力。医生预测他无法活到完成研究。

霍金于 1965 年与珍·怀尔德结婚，他说这给了他继续为博士学位奋斗的力量。然而他的健康状况继续恶化，到 20 世纪 70 年代中期，他已经失去了自理能力。10 年后，霍金几乎完全瘫痪了，他患上了肺炎，接受了气管切开术，因此只能通过语音合成器与人交流。霍金

的早年生活被改编为电影《万有理论》（2014 年）。

科学成就

在病情开始稳定时，霍金以优异的成绩继续他的研究，于 1966 年获得了哲学博士学位，并开始继续着手研究，为我们理解引力和宇宙做出的贡献超过了自爱因斯坦以来其他所有的物理学家。

霍金第一个重大的贡献就是他的奇点理论。他利用爱因斯坦的广义相对论

▶ 关键词

《时间简史》：霍金最值得纪念的成果之一根本不属于正式科学的范畴，而是一本为普通大众编写的书，即 1988 年出版的《时间简史》。这本书涵盖了广义相对论、黑洞、宇宙大爆炸和预测性宇宙论这样令人生畏的主题，是有

（见第94~97页）推导出，可能存在一
点，空间与时间在此点本质上都会变成
无限。这一基本思想支配着我们目前对
黑洞以及在"大爆炸"产生现有宇宙之
前所存在的点的理解。

　　霍金的黑洞理论使我们对这些奇
特物体获得了重要的新的理解角度。例
如，根据量子力学，黑洞会释放出微量
的热量（后来被称为霍金辐射），这与
之前人们认为的任何事物都无法逃离
黑洞相矛盾。他还预测到黑洞不一定是
巨大的，甚至有可能和亚原子粒子一
样小。

　　霍金从1979年到2009年一直担任
剑桥大学的卢卡斯物理教授。在医生告

> 史蒂芬·霍金的研究为我们理解
> 引力和宇宙做出的贡献超过了自爱因斯
> 坦以来其他所有的物理学家。

知他无法活到完成学位之后，他继续在
物理界活跃了半个多世纪。

史蒂芬·霍金博士：头脑超群，
不愿受身体瘫痪的约束。

**史以来销量最好的科普书籍之
一，自出版以来销量已经超过
10000000 册。想要从该领域
最伟大的人物那里得到对现代
宇宙论清晰简明的解释，本书
是必读书籍。**

一门新的宇宙论

宇宙论是物理学在宏观尺度上的一个分支。它将宇宙作为一个整体来研究，即研究一切事物的形状、结构、行为、过去、现在和未来。直到过去的几十年，物理学家才根据天文观测获得了对宇宙的足够认识，开始解决这其中的一些问题，但对答案的寻求却常常会给我们带来更多问题。

膨胀的宇宙

似乎可以相当确定地说宇宙是在膨胀。这不仅仅意味着太空中的星体与星系正在相互远离，还说明空间结构本身就在膨胀的过程中。星系相互远离是宇宙大爆炸的结果。

20世纪20年代，埃德温·哈勃注意到遥远星系的色谱似乎略微偏向光谱的

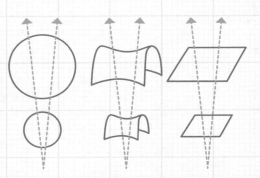

宇宙3种可能的形状："有限但无边"的球形、弯曲的"鞍"形以及几乎没有弯曲的形状。

暗物质与暗能量

测量宇宙密度的主要障碍，就是发现了其中似乎渗透着神秘的隐形物质，人们亲切地称之为"暗物质"与"暗能量"。对遥远星系的测量揭示出，宇宙中某处隐藏着大量的质量，但我们既看不到也探测不到。事实上，估计这些暗物质在已知宇宙总的物质中占80%~90%。令人震惊的是，长久以来我们都没有发现如此无处不在的事物，但情况似乎就是这样的。已经有一些关于暗物质与暗能量的理论，人们希望对粒子加速器的持续研究可以给出一些具体的答案，但是到目前为止，这仍然只是科幻小说中的一个谜团。

红色一端，由此发现了宇宙膨胀。这被称为红移，它是星系正在相互远离的指示信号。

宇宙膨胀的观点与广义相对论的数学运算符合得很好。这为我们对宇宙现状进行了更加准确的描述，并且洞察了过去与未来。

过去

要了解过去，我们只需按下回放键，而现在物理学家已经为此努力了半个多世纪。

如果现在宇宙正在膨胀，那么时光倒流时就会看到它在收缩：恒星、行星和整个星系都被无孔不入的万有引力向同一个位置吸引，变回致密的原子与分子云，它们结合起来的质量会使时空弯曲，从而将更多质量吸进这个位置。最终，在100亿或200亿年之后，所有物体都聚集到一个唯一的、极小的区域，密度接近无穷大，称之为奇点。这种密度无穷大的物质内部会发生什么？这超出了我们目前的知识范围，但一切物质、物理定律以及时空本身的维度都由它而来。

未来

为了确定我们消失之后（我们讨论的很可能是几百万年之后的事情）宇宙中会发生什么，真的只需要两个问题的具体答案：宇宙目前膨胀得多快，以及宇宙的平均质量密度是多少？

可以利用关于遥远恒星与星系后退的数据，对第一个问题进行一定程度的计算。已经证明，第二个问题比我们想象的更难（见对页"暗物质与暗能量"）。

寻找这些问题的答案，一定会使我们得出以下3个结论之一。

1 宇宙会永远继续膨胀下去，直到宇宙中的一切秩序都消失，一切物质都进入永久的冻结状态。

2 膨胀的速率没有那么快，宇宙最终能够停止膨胀，并且保持一定的稳定性。

3 最终膨胀会停止，而引力会引起收缩，将一切物体都拉回到一起，直到宇宙因自身的引力而坍塌，再次变成一个奇点（大坍缩理论）。

万有理论

不可否认，物理学的终极目标就是找到一个唯一、一致的理论，使我们能够理解一切事物。物理学家的梦想就是如此，从古希腊人到牛顿、爱因斯坦和他们的继承者，许多科学家都对此进行过尝试。这一理论的形成经过了几千年漫长而艰难的时间，但有没有可能我们现在就站在这种理论的边缘呢？

引力的问题

标准物理模型具有整齐的一系列粒子与作用力，对于事物为什么是这个样子，它几乎使我们了解了一切想要知道的内容，但还不完整，缺少了一个极为重要的附加因素：引力。

当然，引力看起来属于标准模型的作用力列表，但它好像并不符合。其他3种力具有相似性，这表示它们相互之间一定有某种潜在的联系，但引力却没有这样便利的性质。物理学家认为一定存在一点，核力与电磁力会在此聚为一体。弱力与电磁力的确已经结合为一种力，被称为电弱力。但已经证明将引力纳入这一模型是极其困难的，这似乎是一个非常严重的问题。

质量的起源

另一个还没有完全解决（不过似乎有希望很快就会解决）的问题就是质量的问题。虽然许多粒子的质量测量都相当简单，但我们还无法准确地确定质量从何而来。到目前为止最好的猜测是，质量来自于粒子与宇宙中一个无处不在的场之间的作用，这个场被称为希格斯场（以物理学家皮特·希格斯命名）。如果这一理论是正确的，那么希格斯场自然就会像其他每一种力一样，有一个相关联的粒子，称之为希格斯玻色子。实验者们希望在大型强子对撞机（见第

或许这些理论中没有一个是正确的。我们继续搜寻，因为正如生活一样，在物理学中大部分乐趣在于旅途，而非目的地。

128~129页）中找到的就是这种粒子。

可能的万有理论

弦论代表了最知名的、有可能的万有理论之一，不过事实上它概括了许多相互重叠的思想。"弦论"指的是几十种可能模型中的任一种，它们都只有一个共同点：它们都认为可以将所有事物都理解为微小的、一维的弦及其振动。

这就是最简单的弦论：缠绕、结节、分离、振动的弦，共同组成了宇宙中的一切时空与物质，也就是我们在周围的宇宙中看到的一切巨大的差异与秩序。这并不像听起来那么简单，因为某几种弦论包含的宇宙多达十维。

其他理论包括量子引力，这一理论要求引力具有自己的信使玻色子（引力子），力图使其与其他作用力更相似。还有超对称理论，该理论声明自然法则中深深隐藏着一种理想对称性，这一对称性紧随宇宙大爆炸出现，从那以后就在非对称宇宙中消失了。在超对称理论下，不仅所有已知作用力都合并为一体，已知粒子的数量也加倍了，因为每一个粒子必须有一个超对称伙伴！很多物理学家都希望能够在最新的粒子加速器中掌握这些超对称粒子中的一部分，如希格斯玻色子。

表观质量　　粒子

希格斯场

左图：英国诺贝尔奖获得者皮特·希格斯（生于1929年）。

下图：一幅来自LHC的图像，显示了两个玻色子相撞的计算机模型。

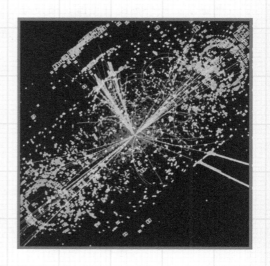

术语表

文中已经对提到的术语进行了解释，不过为了更加清楚，在此对个别术语进行注释。

反物质：该理论说明，标准模型中的每一个物质粒子都有一个互补的粒子，它们具有一些特定的相反的特性，例如电荷与自旋。

原子：一切有形物质的基本单元，它包括由质子与中子混合组成的原子核，电子围绕其进行轨道运动。

黑洞：密度极大的天体，以至于物质与电磁辐射都无法逃脱它的万有引力。

电磁学：一个物理学领域，涉及电与磁的行为。

能量：对一个物体或系统做功能力的衡量，以能量的方式对物体的运动或运动的变化进行衡量。

力：根据牛顿定律，力引起物体运动的变化。在标准模型中，4种基本力为强核力、电磁力、弱核力以及万有引力。

万有引力：源自一切物质的基本力，造成了天体的积聚。

物质：物理学基本粒子的聚集。与物质相反的是纯电磁辐射或理想真空。

粒子加速器：一种装置，利用强磁铁加速基本粒子，并且迫使它们相撞，产生二次粒子。

量子物理学：20世纪建立的系统，基于这一概念，最好用概率与统计规则来描述物质，而不是准确的测量。

放射性：在这一现象中，一个不稳定的原子核发生衰变，释放出阿尔法粒子、贝塔粒子或伽马粒子。

相对论：分为阿尔伯特·爱因斯坦的狭义与广义相对论，前者是一个思维模型，重新定义了空间与时间的物理概念，而后者是改进的万有引力理论。

科学方法：建立科学假说与理论的逻辑系统。

标准模型：最新的原子模型，结合了经过最多验证的物理理论，由4种基本力与16种基本粒子组成。

热力学：定义热与能量性质的一系列定律。

图片出处

- Creative Commons: 65 © Andshel, 89（左下）© Ute Kraus, 110 © GF Hund, 122 © Bengt Nyman, 141（底图）© Lucas Taylor

- Getty Images: 61 © Hulton Archive, 79 © Time Life Pictures, 111 © Keystone, 124 © Joe Munroe, 137 © Jim Smeal

- Misc: 14 © Luc Viatour

- Science Photo Library: 114 © American Institute of Physics, 118 © Lawrence Berkley Laboratory

- Shutterstock: 9, 36, 45（右上）, 48, 49, 73, 82, 89（右下和顶图），105

- 惠康基金会：第57和69页。图片来自惠康图像，这是由惠康基金会运营的网站，惠康基金会是全球性慈善基金会，总部在英国。